BIBLIOTHÈQUE DES ÉCOLES CHRÉTIENNES

2e SÉRIE

RÉCRÉATIONS TECHNOLOGIQUES

LE COTON — LES PEAUX ET PELLETERIES — LA CHAPELLERIE — LA SOIE

PAR C. G.

TOURS

Ad MAME ET Cie

ÉDITEURS

BIBLIOTHÈQUE

DES

ÉCOLES CHRÉTIENNES

APPROUVÉE

PAR S. ÉM. LE CARDINAL ARCHEVÊQUE DE TOURS

2e SÉRIE

Récolte du coton en Afrique.

RÉCRÉATIONS

TECHNOLOGIQUES

LE COTON — LES PEAUX ET PELLETERIES
— LA CHAPELLERIE — LA SOIE

PAR

D. DE CHAVANNES

TOURS

Ad MAME ET Cie, IMPRIMEURS-LIBRAIRES

—

1856

RÉCRÉATIONS

TECHNOLOGIQUES

LE COTONNIER. — LE COTON

« Parmi les végétaux qui ne servent pas à la nourriture de l'homme, le cotonnier est le plus précieux don que nous ait accordé la main si libérale de la divine Providence. »

Ainsi parlait un jour, à deux voyageurs francais qui étaient venus visiter sa fabrique, un riche manufacturier de Manchester, en leur montrant du doigt, à travers le vitrage d'une serre, un pauvre cotonnier qui végétait tristement sans lumière et sans soleil.

Le plus jeune des voyageurs ne put dissimuler assez poliment un sourire, pour que son interlocuteur ne le saisît pas au passage.

Il reprit aussitôt :

« Cela vous étonne, Messieurs, de m'entendre parler ainsi, et vous pensez sans doute à certain proverbe. Eh bien, essayez de me citer une plante dont la culture soit aussi facile que celle du cotonnier !... une plante qui donne en abondance un produit dont l'emploi soit plus universel, et qui se prête aux transformations les plus diverses et les plus merveilleuses !... un produit qui, à lui seul, supplée à toutes les matières textiles, soie et laine, chanvre et lin !... Citez-moi une plante qui fournisse du travail à autant de machines, à autant de bras !... enfin, une plante à qui une grande nation doive le plus haut point de prospérité et de puissance auquel un peuple soit jamais parvenu !

« Mais ce sont là des allégations, penserez-vous. Eh bien ! ces allégations, je vais les prouver une à une.

« Rien de plus simple et de plus facile que la culture du cotonnier, ai-je dit : d'abord, les trois variétés de ce végétal croissent spontanément dans toutes les contrées de la terre où la chaleur du climat suffit à leur fructification. Quoique le cotonnier préfère les sols secs et sablonneux, il vient à peu près dans tous les terrains ; seulement ses produits sont moins beaux et moins abondants à mesure qu'il végète dans des conditions plus défavorables.

« Quant à sa culture proprement dite, elle offre si peu de difficultés et exige si peu de frais, que c'est presque toujours par elle que débutent les colons quand ils fondent un nouvel établissement. En effet, jeter quelques graines au fond d'un trou fait au plantoir, défendre la jeune plante de l'envahissement des herbes parasites au moyen d'un ou de deux sarclages, étêter le cotonnier quand il est parvenu à la hauteur de deux mètres, recueillir deux fois par an les flocons de coton qui s'échappent des capsules, et séparer les graines du coton, auquel elles adhèrent fortement, voilà toute la besogne. Il ne reste plus qu'à ensacher la récolte, qui, sans aucune préparation préliminaire, se trouve prête à être vendue ou employée.

« Il est également incontestable que les tissus de coton, dont il faudrait un volume pour découvrir toutes les espèces, depuis la mousseline aérienne jusqu'aux couvertures de lit, depuis les étoffes de coton pur jusqu'aux mélanges dans lesquels on l'associe en proportions variables à la soie, à la laine, au chanvre et au lin, sont d'un usage tellement varié, tellement universel, qu'il n'est peut-être pas de contrée où le coton n'entre pas pour une forte part dans le vêtement et le linge des populations.

« J'ai peut-être été trop loin en prétendant que le coton peut suppléer à toutes les matières textiles, en ce sens que, si à la rigueur une robe de coton rend les mêmes services qu'une robe de soie, elle est beaucoup moins belle que celle-ci, et garantit moins du froid qu'une robe de mérinos. Mais, à part l'éclat sans rival des étoffes de soie, à part la propriété que possèdent au plus haut degré les étoffes de laine de protéger efficacement contre les influences pernicieuses de l'humidité et du froid, le coton remplace très-bien en toute occasion la soie, le chanvre et le lin; et au point de vue de l'utilité, il ne le cède à la laine que sous un seul rapport.

« Reste ma dernière allégation : Citez-moi une plante qui fournisse du travail à autant de machines, à autant de bras!... une plante à qui une grande nation doive le plus haut point de prospérité et de puissance auquel un grand peuple soit jamais parvenu!

« Rien ne me sera plus facile que de le prouver. Tenez, ajouta le manufacturier en prenant un gros volume sur son bureau, voici la statistique industrielle publiée par notre gouvernement. Il résulte des documents contenus dans ce volume que l'Angleterre importe par an près de deux cents millions de kilogrammes de coton, auquel la fabrication donne une valeur de neuf cents millions de francs de votre monnaie. Enfin, les estimations les plus basses portent au chiffre énorme de douze à quatorze cent mille individus ceux qui vivent de l'industrie cotonnière (1).

« Voici maintenant quelques chiffres qui montrent le développement rapide que cette industrie a prise en Angleterre.

(1) M. Baines porte ce chiffre à trois millions, en y comprenant les femmes et les enfants des ouvriers.

En 1700, il a été importé chez nous kil. de coton.	886,000
En 1750.	1,328,000
En 1800	25,391,000
En 1810.	60,061,000
En 1820.	68,768,000
En 1830	119,680 000
En 1835.	161,688,000

« Et, chose remarquable, les villes qui sont devenues les centres de l'industrie cotonnière ont vu leur population s'accroître dans des proportions aussi rapides.

« Ainsi :

« Liverpool, qui en 1700 n'était qu'une ville de 5,146 habitants, avait 18,000 âmes en 1750, 77,000 en 1800, 165,000 en 1830, et renferme de nos jours 200,000 habitants. En 1780, Glascow ne contenait que 42,000 âmes ; déjà en 1800 ce nombre avait doublé, et aujourd'hui Glascow est plus peuplé que Liverpool. Je pourrais multiplier ces exemples à l'infini ; mais je me contenterai d'ajouter que l'industrie cotonnière occupe à elle seule, en Angleterre, autant de bras et de capitaux que toutes les autres industries ensemble, et que nos hommes d'État et nos économistes la considèrent comme la source principale de la richesse et de la puissance du Royaume-Uni. »

I

LE COTONNIER

J'ai cité ce fragment de conversation parce qu'il m'a paru très-propre à servir d'entrée en matière à un chapitre consacré à l'industrie cotonnière, dont il montre toute l'importance au double point de vue de l'utilité et de la masse énorme de ses produits. Maintenant, pour procéder méthodiquement, disons d'abord quelques mots du *cotonnier*.

Les trois grandes espèces du cotonnier cultivé appartiennent à la famille des mauves (malvacées), dont les cotonniers constituent un genre.

Les caractères génériques communs aux trois espèces sont les suivants : Fruits en capsules arrondies ou ovales, pointues au sommet, divisées intérieurement en trois ou quatre loges dans lesquelles le duvet est renfermé. Ces loges s'entr'ouvrent à l'époque de la maturité par la force expansive du coton. Chaque loge contient plusieurs graines de couleur variable et fortement adhérentes au duvet.

Le cotonnier herbacé.—Le cotonnier herbacé, en dépit de son nom, s'élève sur une tige ferme, dure et tenant beaucoup plus du bois que de l'herbe. La plante atteint rarement plus d'un mètre de hauteur. Ses feuilles sont d'un vert sombre et veinées de brun. La fleur, d'un jaune-soufre, ressemble beaucoup à celle de la mauve ; en tombant elle fait place à la capsule qui contient à la fois la graine et le duvet.

Quoique l'on cultive le coton herbacé comme plante annuelle, il pourrait vivre plusieurs années ; mais les planteurs trouvent plus de profit à renouveler le semis tous les ans.

C'est le coton herbacé dont la culture est la

plus répandue, et qui fournit la majeure partie du coton expédié en Europe.

Les planteurs reconnaissent un grand nombre de variétés du coton herbacé. Les caractères par lesquels ils les distinguent tiennent-ils au sol, à la culture? en un mot, sont-ils purement accidentels et fugitifs, ou bien indiquent-ils réellement une variété native? c'est ce qui ne me paraît pas avoir été assez sérieusement étudié jusqu'à ce jour pour trancher la question.

Enfin, c'est le coton herbacé qui est le plus précoce et dont la culture pénètre le plus avant dans le nord, sans franchir néanmoins les parties les plus chaudes des régions tempérées.

On obtient des récoltes passables de coton en Italie, en Espagne : en France, sur les bords de la Méditerranée, on a tenté de le naturaliser; mais les frais du mode de culture nécessaire pour suppléer à l'insuffisance du climat ont dégoûté presque tous ceux qui ont tenté de pareils essais. Le coton récolté à La Ciotat revenait à plus de 8 fr. le kilogramme, et il ne valait pas des cotons américains qui, rendus au Havre, ne coûtent pas la moitié de ce prix.

Cotonnier en arbre. — Le cotonnier en arbre atteint à peine la taille et le développement de nos lilas. Sa fleur est d'un rouge violacé. On ne sait s'il est originaire d'Asie ou d'Amérique, car il était connu en Asie dès la plus haute antiquité, et les Espagnols le trouvèrent lorsqu'ils découvrirent le nouveau continent.

Le cotonnier arbrisseau. — Cette espèce paraît originaire de la Chine ; elle s'est répandue dans les îles de la mer des Indes, et c'est de l'Ile-de-France où de l'île de la Réunion (Bourbon) qu'elle a été transportée en Amérique. Pour le port et la taille, le cotonnier arbrisseau tient le milieu entre les deux espèces précédentes. Il y a une variété blanche et une variété jaune : cette dernière fournit le coton qui sert à la fabrication du nankin. Enfin on trouve dans quelques contrées de l'Amérique un cotonnier de très-petite dimension qui donne un duvet d'une extrême finesse, mais en très-minime quantité. Sa culture a toujours été limitée à certains cantons.

De ces trois espèces c'est, ainsi que je l'ai déjà dit, le coton herbacé qui exige le moins de chaleur pour fructifier. Le cotonnier en arbre, au contraire, ne peut prospérer que dans les régions les plus brûlantes. Tous cependant semblent préférer le voisinage de la mer, puisque c'est des contrées situées le long de l'Océan que nous arrivent les cotons les meilleurs et les plus beaux.

La récolte du coton ne se fait pas d'un seul coup : elle dure pendant plusieurs mois ; car il faut tous les matins, avant le lever du soleil, recueillir les capsules qui se sont ouvertes pendant la nuit, parce que la moindre pluie, et même l'action des rayons solaires, quand la capsule est mûre et sur sa tige, altèrent la couleur du duvet et lui ôtent de ses qualités.

Sept à huit mois, selon la marche de la saison, s'écoulent ordinairement entre le semis et le commencement de la récolte. A cette époque un champ de cotonniers offre le plus ravissant coup d'œil.

Qu'on se figure l'effet d'un immense tapis, d'un feuillage à la fois sombre et luisant, qu'étoilent des milliers de fleurs jaune tendre, et de capsules d'où s'échappent des houppes soyeuses et argentées.

A mesure que l'on récolte le coton on procède à son épluchage, qui consiste à séparer le duvet des graines qui y adhèrent fortement. S'il fallait exécuter cette opération avec le seul secours des doigts, elle serait d'une longueur désespérante, et exigerait une somme de patience que l'Indou, qui passe une journée à éplucher une livre de coton, paraît seul posséder. Tous les autres peuples, même les plus barbares, ont imaginé un instrument plus ou moins parfait, il est vrai, mais qui abrége considérablement cette fastidieuse besogne. Aucun instrument ne peut se comparer, pour la rapidité et la perfection avec laquelle il agit, avec le *saw-gin* (moulin-sciant) américain, qui, mû par une machine à vapeur ou un cours d'eau, nettoie plus de cinq cents kilogrammes de coton par jour.

Ce saw-gin, inventé par Witney, se compose d'un cylindre garni d'une série de scies circulaires, parallèles et solidement fixées. Au-dessus du cylindre est une espèce de grillage dentelé, que surmonte une trémie destinée à recevoir le coton brut.

Voici comment agit cet appareil :

Pendant que le cylindre tourne avec rapidité,

le coton brut, jeté dans la trémie, tombe sur la grille à travers laquelle les fibres du coton sont tirées par les pointes dont sont armées les scies du cylindre. Comme les graines ne peuvent suivre, à cause de leur forme et de leur grosseur, les fibres du coton, elles restent sur la grille et s'échappent par une ouverture pratiquée à cet effet. Une espèce de brosse ronde débarrasse le grattoir des filaments de coton qui s'y attachent.

Aux États-Unis le coton, avant d'être emballé, est soumis à un vannage énergique dans des machines qui agissent à peu près comme nos tarares à vanner le blé. Cette opération a pour but de débarrasser le coton de toutes les matières pulvérulentes, débris de capsules, etc., qui pourraient s'y trouver mêlés.

L'épluchage et le vannage du coton demandent de la part du planteur beaucoup d'attention ; car d'elles dépend, en grande partie, la valeur commerciale de sa récolte. Si elle est mélangée de saletés, de graines, de débris de coques, ou bien si la machine à éplucher, par suite de l'inhabileté ou de la négligence du conducteur, a rompu les filaments, les a pelotonnés, noués, au lieu de les étendre, non-seulement il trouve difficilement un acheteur, mais il ne peut se défaire de ses cotons qu'à vil prix, quelles que soient d'ailleurs leur beauté et leur bonté naturelles.

II

DU COTON EN LAINE

On distingue dans la fabrication plus de cinquante qualités de coton, auxquelles on donne le nom du pays qui les produit, parce que généralement les cotons des mêmes provenances ont un air de famille très-prononcé, et n'offrent d'autres différences essentielles qu'un épluchage plus ou moins soigné.

Le coton le plus recherché, le plus estimé, est celui qui est propre et brillant, et dont les filaments sont longs, nerveux, fins, et surtout exempts de ces petits nœuds dont j'ai déjà parlé, et qui font le désespoir du filateur.

Sans entrer dans de longs détails sur les diverses variétés de coton, je dirai seulement que les cotons se divisent en deux grandes classes : les cotons à longue soie et les cotons à courte soie. Ces dénominations seules indiquent suffisamment la différence qui les caractérise les uns et les autres.

C'est l'État de Géorgie (Amérique du Nord) qui fournit les plus beaux cotons longue soie ; l'île de la Réunion tient le second rang. Puis viennent les autres États de l'Amérique du Nord, l'Égypte, les Antilles, la Colombie, le Brésil et les immenses provinces de l'Asie, où l'on en récolte des quantités énormes, depuis les plus belles qualités jusqu'aux plus inférieures.

Les cotons sont expédiés en grosses balles, dont la forme, le poids et la chemise varient selon les ressources des pays d'où ils proviennent, et selon les moyens de transport dont ces pays disposent pour conduire les balles au lieu de l'embarquement. Ainsi les balles des États-Unis sont rondes ou carrées, et leur chemise est une toile de chanvre maintenue au moyen de cordes de même matière, tandis que les cotons de la Colombie nous arrivent très-souvent dans des emballages de cuir, ceux du Bengale dans des toiles d'écorce, et ceux de certains pays de l'Asie Mineure dans un tissu de jarre de chèvre ou de chameau.

III

COUP D'ŒIL HISTORIQUE SUR L'INDUSTRIE COTONNIÈRE

Les témoignages des plus vieux historiens attestent d'une manière irréfragable que, dès les temps les plus reculés, les tissus de coton constituaient en quelque sorte le vêtement des peuples en deçà de l'Indus. Ainsi Hérodote dit positivement que les Indiens cultivaient une sorte de plante qui, au lieu de fruits, produisait de la laine beaucoup plus belle et plus douce que celle des moutons; d'un autre côté, comme le même historien remarque que les Babyloniens et les Égyptiens ne se servaient que de toiles de laine, de lin et de chanvre, on peut en conclure que ces derniers ne connaissaient pas le coton, ou du moins qu'ils ne s'en servaient pas, et que l'usage des étoffes de coton n'avait pas encore franchi les rives de l'Indus. Strabon, en parlant des Indiens, fait également mention de leurs tissus de coton, et leur donne pour épithète le mot *fleuris* (1), d'où l'on pourrait conclure que la fabrication des *indiennes* proprement dites remonterait à la plus haute antiquité.

Ce n'est cependant qu'un peu avant l'ère chrétienne que l'on trouve des traces de cette fabrication en Perse, en Égypte et sur les rives orientales de la mer Méditerranée. L'usage des tissus de coton ne se répandit à Rome et en Grèce que longtemps après, car les auteurs qui mentionnent le coton et les étoffes de coton, en parlent plutôt comme d'une rareté que comme d'un objet de commerce.

Il est vraiment étrange que les mousselines de l'Inde aient mis tant de siècles à être connues et appréciées en Europe, malgré les communications qui existaient entre l'Inde et cette

(1) Σινδόνη εὐανθής.

contrée, communications beaucoup plus régulières et plus fréquentes qu'on ne le croit généralement. En effet, Arrien, dans son ouvrage intitulé *le Périple de la mer Érythrée*, rend compte d'un voyage qu'il fit vers l'an 100 de l'ère chrétienne, depuis les bords de la mer Rouge jusqu'en Chine; et il ressort des détails circonstanciés qu'il donne, qu'il trouva tout établies et très-florissantes de vastes relations commerciales entre l'Inde et l'Europe; seulement, les denrées, au lieu de parvenir directement des lieux de production en Europe, s'arrêtaient dans plusieurs dépôts, et passaient entre les mains d'un grand nombre de marchands, dont chacun connaissant seulement ses acheteurs et ses vendeurs, ignorait également et comment les marchandises étaient arrivées jusqu'à lui des pays de production, sur lesquels il n'avait d'ailleurs aucune donnée précise, et jusqu'où ces marchandises iraient une fois passées par ses mains.

C'est à Barcelone (en Espagne), vers 1250, où le cotonnier avait été naturalisé dès le xe siècle, que l'industrie cotonnière débuta en Europe; Venise et Milan ne tardèrent pas à faire concurrence à Barcelone, et bientôt Bruges et Gand entrèrent également en lice (1560).

Chose remarquable, l'Angleterre, qui inonde aujourd'hui le monde entier de ses tissus, ne monta ses premiers métiers que dans les dernières années du XVIe siècle; enfin la France, sa rivale aujourd'hui, ne commença à fabriquer des étoffes de coton que dans le cours du XVIIe siècle, et les premières manufactures dont les annales commerciales fassent mention furent celle de velours de coton établie à Amiens en 1765, et celle de Lépine, près Arpajon, en 1785.

Aujourd'hui ce sont les deux nations arrivées les dernières, l'Angleterre et la France, qui tiennent, au point de vue de l'industrie cotonnière, le premier rang en Europe. Il faut avouer toutefois que l'Angleterre produit quatre fois plus que la France : en sorte qu'il y a un très-grand intervalle entre la première et la seconde place.

IV

DE LA FILATURE DU COTON

Il serait trop long d'énumérer les diverses phases de l'art de filer le coton, en prenant pour point de départ la quenouille et le fuseau, pour arriver, de machine en machine, jusqu'aux engins d'une effrayante complication dont on se sert aujourd'hui dans les filatures. Cette revue serait cependant d'un immense intérêt, puisqu'elle nous montrerait comment chaque machine nouvelle, en progrès sur la machine précédente, a cédé successivement la place à un mécanisme plus perfectionné, c'est-à-dire produisant plus économiquement, meilleur et plus beau.

Notons donc comme point de départ qu'en Angleterre, au commencement du dernier siècle, on ne savait pas filer des fils de coton offrant assez de résistance pour faire la chaîne des étoffes. On n'était encore parvenu qu'à filer des trames; en sorte que les étoffes *de coton* de cette époque étaient en réalité moitié coton, moitié lin, puisque l'on était forcé d'employer cette dernière matière pour les fils de la chaîne. Enfin ces fils de lin eux-mêmes n'étaient pas filés en Angleterre, mais importés d'Allemagne.

Aujourd'hui la filature anglaise est arrivée à une perfection qui semble avoir atteint les dernières limites du possible, et ce sont ces procédés que je vais m'efforcer de décrire, aussi clairement et aussi brièvement que les difficultés du sujet me le permettront.

Nous avons vu le coton récolté, nettoyé, vanné et expédié en Europe; c'est dans cet état que les filateurs l'achètent. La première opération à laquelle ils le soumettent, c'est de le nettoyer à fond et de le démêler.

Pour cela, on emploie un appareil nommé le *willow*. Cette machine consiste en une toile sans fin sur laquelle on place le coton. Cette toile, dont le mouvement est continu, entraîne le coton sous deux cylindres en fer et cannelés, entre lesquels il s'engage; en sortant de dessous ces cylindres il est saisi par les dents de plusieurs tambours garnis de pointes qui le tiraillent en tous sens, et ne le lâchent que parfaitement ouvert. Alors il retombe sur une seconde toile sans fin qui l'emporte hors de la machine, en l'exposant à une ventilation très-énergique, qui le purge en chassant au loin la poussière et les débris de fibres, résultats inséparable de l'opération subie. Chaque willow, construit d'après le meilleur système (celui de Lelly), travaille en moyenne par jour 3,500 kilog. de coton brut.

Le coton ouvert et purgé par le willow est encore loin de pouvoir se carder ; il faut qu'il passe sous les fléaux du *batteur-éplucheur* et de l'*étaleur*. La première de ces machines frappe à coups redoublés le coton, qu'une toile sans fin amène sous les *frappeurs*. Ces frappeurs donnent entre douze et treize cents coups à la minute, et détachent du coton tous les corps étrangers qui peuvent encore s'y trouver mêlés ou retenus.

La seconde machine, l'étaleur, a pour but de transformer le coton en une espèce de ruban uniforme, et à enrouler ce ruban autour d'un cylindre de bois. C'est ce ruban, composé de filaments irrégulièrement enchevêtrés, que le cardage transforme à son tour en un nouveau ruban composé de filaments droits et placés parallèlement les uns à côté des autres.

Le cardage est une des opérations qui exigent peut-être la machine la plus compliquée de la filature du coton ; c'est celle qui a le plus exercé le génie inventif des constructeurs, et cependant c'est celle qui laisse le plus à désirer. Le cardage, tel qu'il se pratique aujourd'hui, n'égalise, ne dispose régulièrement les filaments des cotons qu'aux dépens de leur force; il les affaiblit et les énerve. On a beau perfectionner les *cardes* proprement dites, varier leur disposition et leur jeu, des hommes très-compétents pensent que les ingénieurs tournent dans un cercle vicieux, et qu'il faut, au lieu de chercher à perfectionner le système de cardage actuellement employé, trouver un moyen de carder le coton sans employer les cardes, c'est-à-dire sans instruments dentés. Peut-être sera-t-on obligé, pour obtenir ce résultat, de demander à la chimie ce que semble refuser la mécanique.

Nous avons vu que le coton se présente à la

machine à carder sous la forme d'un ruban composé de filaments *entortillés*. La machine à carder le rend sous la même forme ; seulement les rubans sont composés de filaments droits et parallèles entre eux, et de plus ces rubans sont beaucoup moins épais.

Au cardage succède l'*étirage*, opération qui divise chaque ruban par l'effet d'une traction minutieusement calculée, à laquelle on le soumet au moyen des cylindres du *banc à étirer*, qui divise, dis-je, les rubans en une multitude de fils, chacun d'un diamètre uniforme. Puis vient enfin le *tordage* pour le fil en gros, qu'exécute aujourd'hui avec une rare perfection le nouvel appareil de MM. Cocker et Higgins, de Salfort, appareil auquel ils ont donné le nom de *banc à broches*.

Le métier généralement adopté pour le tordage des fils d'une certaine finesse, est le *mull-jenny*. Cette machine se compose de deux parties, l'une fixe et l'autre mobile. La première contient les bobines chargées du coton à tordre et une série de cylindres étireurs, que le coton traverse encore avant d'arriver à la seconde partie du mull-jenny, c'est-à dire au chariot qui porte les broches destinées à donner le tors. Ce chariot roule sur un rail-way en fonte fixé au plancher ; chaque fois qu'il s'écarte de la moitié fixe du système, ses broches tournent, et en tournant tordent les fils de coton que fournissent les cylindres étireurs sous lesquels ces fils passent en se déroulant de dessus les bobines.

Dès que le chariot arrive à l'extrémité de sa course, il fait partir une détente qui arrête le mouvement de toutes les pièces de l'appareil. Alors le conducteur de la machine renvoie le chariot vers les cylindres étireurs ; dès qu'il se met en mouvement, toutes les broches se remettent à fonctionner, mais non plus de la même manière que lorsque le chariot se mouvait en sens inverse. Cette fois-ci elles renvident simplement le coton sans le tordre.

Le chariot arrivé près des cylindres étireurs, lâche une nouvelle détente qui rétablit les premiers mouvements, et le chariot part avec ses broches qui donnent le tors à des fils, qu'elles renvideront quand le chariot reviendra.

Chaque mull-jenny est armé de plusieurs centaines de broches ; leur nombre varie beaucoup selon les convenances du filateur ; seulement, plus les mulls sont destinés à *filer fin*, plus on multiplie leurs broches. Pour apprécier la merveilleuse précision avec laquelle opère la jenny, il suffit de savoir que l'on obtient avec elle non-seulement des fils d'une égalité parfaite, mais des fils du *numéro demandé* (1). Or, quand on songe à toute la difficulté que présente la confection d'un écheveau de fil d'une longueur de mille mètres ne pesant que deux cent cinquante centigrammes, un pareil résultat confond l'intelligence. Ce poids est cependant celui d'un écheveau de fil du n° 200, et les Anglais sont parvenus à atteindre le n° 250.

La filature française produit aujourd'hui des fils depuis le n° 1 jusqu'au n° 80, qui l'emportent peut-être sur les fils anglais. Mais à partir du n° 80 les fils français sont inférieurs sous tous les rapports aux fils anglais, et cette infé-

(1) Le degré de finesse des fils s'indique par le numérotage. Ainsi, un écheveau de fil n° 1, composé de dix échevettes, contenant chacune 100 mètres de fil, pèse 500 grammes; un écheveau de fil n° 2 ne pèse que 250 grammes; il en faut donc deux pour faire un demi-kilo; et ainsi de suite pour chaque numéro: en sorte que le n° 100, par exemple, exprime une grosseur de fil telle, que 1,000 mètres de ce fil ne pèsent que 5 grammes, puisqu'il faut cent écheveaux de ce même fil pour parfaire le poids *étalon* de 500 grammes.

riorité devient de plus en plus sensible à mesure que le numéro s'élève.

La filature française met aujourd'hui en mouvement environ quatre millions de broches; le nombre des ouvriers employés dans les filatures étant à peu près une personne par quarante-neuf broches, il faut en conclure que la filature du coton occupe en France plus de quatre-vingt mille individus, hommes et femmes.

V

DES DIVERS TISSUS DE COTON ET DE LEUR FABRICATION

Avant de parler des étoffes proprement dites, il me semble indispensable de dire quelques mots du tissage en général.

Remarquons d'abord, avec le savant auteur d'un essai sur l'industrie des matières textiles, qu'il n'en est pas des progrès du tissage comme de ceux de la filature. Les premiers sont bien anciens, et n'ont pas subi tout à coup une modification profonde, analogue à celle qu'a éprouvée la filature en général vers la fin du dernier siècle.

Cela est si vrai, que les anciens métiers à tisser tels que nous pouvons nous les figurer d'après les aperçus ou les détails que nous donnent Virgile (1), Pline, et Ammien Marcellin, diffèrent fort peu de ceux que nous employons aujourd'hui pour tisser les étoffes unies. « Les progrès contemporains dans l'art du tissage consistent donc principalement dans l'établissement du travail mécanique pour les étoffes simples et unies, et dans la simplification des métiers qui servent aux tissus ornés (2). »

Le tissage proprement dit s'effectue au moyen de deux séries de fils tendus parallèlement. La première série, tendue dans le sens de la longueur de l'étoffe, s'appelle chaîne. Les fils de la seconde série, qui entrelacent les fils de la première série s'appellent trame. Le mécanisme à l'aide duquel le tisserand obtient ce résultat est assez connu, assez répandu pour que je n'es-

(1) *Géorgiques*, II, v. 285.

(2) Alcan.

saie pas de le décrire ; d'ailleurs une simple inspection du métier à tisser les étoffes unies en apprendra plus en dix minutes que la lecture du plus volumineux traité.

Au premier abord, il dut paraître facile de remplacer le tisserand par un moteur inanimé ; mais on reconnut bientôt que la création d'une machine autonomique présentait de sérieuses difficultés. Si les immenses progrès de la mécanique offraient, en effet, une foule de moyens pour faire exécuter au métier les divers mouvements que lui impriment les bras intelligents du tisserand, ces mouvements doivent être calculés avec une précision si variable, doivent se produire avec un concert si harmonieux, que la solution du problème est encore aujourd'hui loin d'être définitive.

Ce qui le prouve, c'est qu'en France comme en Angleterre il ne se passe pas d'année sans que l'on voie éclore un nouveau tisseur mécanique. Tous réalisent quelques-unes des conditions que doit remplir un métier réellement bon, mais tous aussi laissent à désirer sous certains rapports. Les métiers de Sharps et Roberts, et celui de M. A. Kœchlin, sont toutefois, parmi les divers mécanismes proposés, ceux qui donnent les produits les plus satisfaisants.

Parmi les étoffes de coton, l'étoffe qui tient sans contredit le premier rang tant par l'importance de sa fabrication que par les nombreux usages auxquels on l'emploie, c'est le *calicot*.

L'importance de sa fabrication est facile à apprécier, si l'on ajoute à la masse de calicot qu'exportent à l'étranger nos manufactures, masse qui pour la fabrication française s'élève en moyenne à quatre cent mille kilogrammes par an (pour la fabrication anglaise elle est de trois cents millions de mètres), si l'on ajoute, dis-je, à la masse qu'exportent nos manufactures le chiffre de la consommation intérieure.

Quant à ce dernier chiffre, il suffit, pour se convaincre de ce qu'il peut être, de demander aux maîtresses de maison combien elles consomment de calicot dans leur ménage comme linge de corps et de lit, surtout en ne perdant pas de vue qu'on doit ranger dans la classe des calicots le madapolam, qui n'est qu'un calicot dont la matière première est plus belle et la fabrication plus soignée, ainsi que la percale et le jaconas.

Je n'entreprendrai pas de passer en revue toutes les variétés des étoffes de coton, dont la sèche nomenclature tiendrait seule plusieurs pages, surtout si j'y ajoutais les tissus dans lesquels le coton se marie à la laine, à la soie, au fil et au lin ; je me bornerai à donner quelques détails sur deux ou trois tissus qui méritent une attention particulière.

Les indiennes. — On désigne dans le commerce, sous le nom d'indiennes, les tissus de coton ornés de dessins coloriés.

Ainsi que leur nom l'indique, ces étoffes sont originaires de l'Inde : c'est là, en effet, que les tissus de coton furent d'abord revêtus de couleurs solides et brillantes. Les plus anciens historiens, Strabon et Hérodote, l'attestent, ainsi que nous l'avons déjà vu. Pline, dans un passage fort curieux, décrit comment les Égyptiens s'y prenaient pour teindre leurs étoffes. Je transcrirai ce passage, parce qu'il nous offrira un point de comparaison avec les procédés de l'industrie moderne.

« En Égypte, dit-il, on peint jusqu'aux habillements par un procédé merveilleux. Pour cela on emploie un tissu blanc sur lequel on applique, non point des couleurs, mais des substances sur lesquelles mordent les couleurs. Les traits ainsi formés sur le tissu ne se voient pas ; mais quand on l'a plongé dans la chaudière de teinture bouillante, on le retire au bout d'un instant chargé de dessins ; et ce qu'il y a de plus remarquable, c'est que, quoique la chaudière ne contienne qu'une seule matière colorante, le tissu prend des nuances diverses, la teinte variant selon la nature de la substance qui s'imprègne de couleur : ces couleurs ne peuvent s'effacer par l'eau. Il est clair que si le tissu était chargé de dessins coloriés quand il entre dans la chaudière, toutes ces couleurs seraient brouillées quand on le retirerait. Ici, toutes les couleurs se font par une seule immersion ; il y a en même temps coction et teinture. Le tissu modifié par cette opération est plus solide que s'il ne la subissait pas (1). »

Un autre fait qui paraît également positif, c'est qu'on ne connaissait pas en France l'art d'imprimer sur étoffes avant 1730. Les premiers

(1) *Encyclopédie technologique.* — Pline, XXXV, 61.

essais (essais de laboratoire) datent de 1736, et en 1750 les teinturiers qui avaient fait les premiers pas dans cette nouvelle voie, ne produisaient encore que des étoffes coloriées dont les couleurs étaient si peu fixes, qu'elles ne pouvaient être exposées à la pluie sans couler ou s'effacer. Cependant, dès l'an 1740, les Suisses (Mulhouse était alors une ville suisse) et les Hollandais faisaient un grand commerce de toiles peintes qui ne laissaient rien à désirer sous le rapport de la solidité des couleurs. Vers cette même époque, l'Angleterre imprimait beaucoup mieux que nous, puisqu'en 1751 le gouvernement envoya de l'autre côté du détroit un agent spécial chargé d'étudier les procédés de nos voisins. Celui-ci rapporta de son voyage des échantillons qui firent l'admiration des connaisseurs.

Ce qui empêcha la fabrication de toiles peintes de s'introduire et de prospérer en France, ce fut le refus de la part du gouvernement d'encourager et de protéger efficacement cette industrie. Il refusa même, jusqu'en 1770, de lui accorder aucun privilége. La cause de ce mauvais vouloir prenait sa source dans le crédit que possédaient auprès des ministres et des hauts fonctionnaires de la couronne les directeurs de la Compagnie française des Indes. Ces directeurs usaient de toute leur influence pour entraver la création de manufactures dont les produits devaient finir par élever une concurrence redoutable aux toiles peintes de l'Inde, dont la Compagnie monopolisait la vente.

La première manufacture dont la France puisse s'enorgueillir est celle fondée à Jouy vers 1760 par le célèbre Obercampf, à qui l'impression sur étoffes doit de précieuses découvertes.

Dès 1780, plusieurs perfectionnements s'étaient introduits dans l'impression sur étoffes. On avait successivement appris à fixer les couleurs et à augmenter le nombre de celles que l'on savait employer; mais il faut arriver à 1800 pour constater les plus brillantes inventions de l'art de la teinture.

C'est à partir de notre siècle, en effet, que l'on voit la mécanique et la chimie, l'une apportant ses machines qui accélèrent le travail, l'autre ses drogues, lutter de génie inventif et de patientes recherches pour augmenter les ressources de l'art du teinturier. C'est de notre siècle, en effet, que datent la fameuse machine à planches plates, fixes et à rapport, qui permet de rapporter mécaniquement les dessins ; l'impression au moyen des rouleaux de cuivre gravés ; enfin la *perrotine* (1), « qui pourvoit elle-même à tous ses besoins : impression et distribution des couleurs, mouvement de la toile par le seul fait d'un moteur quelconque appliqué à sa manivelle (2), » et qui permet à seize ouvriers de faire autant de besogne que deux cents ouvriers en pouvaient exécuter avant son invention.

A l'exception de la perrotine, qui est d'origine française, presque tous les perfectionnements mécaniques apportés à l'art de la teinture appartiennent aux Anglais. Mais s'ils ont le mérite, la gloire d'avoir fourni à l'imprimeur sur étoffes d'admirables machines pour appliquer les couleurs, c'est aux chimistes français que reviennent le mérite et la gloire d'avoir étudié à fond l'action colorante d'une

(1) Du nom de Perrot, son inventeur.

(2) Termes du rapport du jury chargé d'examiner la *perrotine*.

foule de substances, et trouvé ainsi les moyens d'obtenir, au meilleur marché possible, des nuances d'un éclat et d'une solidité incomparables.

Du reste, si les Anglais se sont plutôt occupés des procédés mécaniques de l'impression et nous des procédés chimiques, cela vient du genre de fabrication spéciale à laquelle se sont livrés les deux peuples, autant que de leur génie national. En 1800, lorsque l'industrie des toiles peintes prit simultanément en France et en Angleterre un vigoureux élan, les manufacturiers anglais et français se trouvaient dans des circonstances différentes. Par suite des guerres de l'Empire et du blocus continental, les marchés de l'Europe étaient fermés aux Anglais; mais ils avaient ceux de leurs colonies et de toutes les contrées situées au delà des mers; les Français, de leur côté, avaient l'Europe entière ouverte à leurs produits. Il résulta de cet état de choses que les manufacturiers anglais, ayant la perspective d'écouler des masses énormes de cotonnades et d'indiennes, cherchèrent surtout les moyens de produire vite et à bon marché des marchandises d'une vente courante et destinée à des populations d'un goût peu difficile; tandis que les manufacturiers français, s'adressant à des consommateurs plus exigeants et n'ayant pas, comme leurs rivaux, la perspective de débouchés sans fond, se préoccupèrent moins de faire vite que de séduire leurs chalands par la variété des couleurs, l'harmonie des tons et la gracieuse disposition des dessins. Ainsi s'explique pourquoi les Anglais s'adressèrent à la mécanique, qui offrait les moyens de faire vite, et nous à la chimie, qui nous offrait les moyens de fixer sur l'étoffe les inspirations et les délicieux caprices de nos dessinateurs.

Quoique depuis la paix de 1815 les causes qui poussaient les manufacturiers anglais et français dans une voie différente n'existent plus, après trente années de la plus belle lutte industrielle dont l'histoire puisse faire mention, la France a conservé sa supériorité pour les indiennes de luxe, qu'elle vend même à Londres, et l'Angleterre pour ses indiennes à bon marché: et cependant, depuis trente années, l'Angleterre n'a cessé de faire des efforts inouïs pour perfectionner ses qualités fines sans négliger ses produits à bon marché; mais jusqu'à ce jour elle s'est toujours vue vivement poursuivie par Rouen, qui essaie, souvent avec bonheur, d'entrer en concurrence avec elle pour les indiennes courantes, dites rouenneries, et distancée par l'Alsace, qui se livre presque exclusivement à l'impression des qualités riches.

La *mousseline* est un tissu de coton excessivement léger. Jusqu'à ces derniers temps les mousselines des Indes étaient sans rivales, parce que seules elles joignaient à une légèreté aérienne une force de résistance, une solidité, incompréhensibles dans une étoffe aussi fine. Aujourd'hui l'Inde fabrique encore aussi bien, mais elle a perdu le monopole d'approvisionner le monde. En France, la ville de Tarare produit, depuis plusieurs années, des mousselines qui égalent celles de l'Inde; malheureusement nos filatures françaises ne peuvent encore fournir aux manufactures de Tarare des fils assez fins pour la confection des mousselines, et c'est d'Angleterre qu'elles sont obligées de les tirer.

Alençon et Saint-Quentin produisent aussi des mousselines estimées; mais elles ne peuvent soutenir aucune comparaison avec les belles qualités de Tarare.

Le *tulle* est une espèce de dentelle exécutée à la mécanique.

Le tulle est obtenu au moyen de trois lignes de fil : la première va de haut en bas en formant autant de zigzags qu'il y a de mailles au tissu ; les deux autres lignes vont diagonalement de droite à gauche et de gauche à droite. Tous ces systèmes de fils s'enroulent les uns autour des autres, et maintiennent par leurs dispositions l'ouverture de la maille. Il suffit d'examiner un morceau de tulle à travers une loupe d'une certaine force, pour se rendre parfaitement compte du travail.

Le tulle se fabrique au moyen d'un métier nommé *bobine;* sa complication est telle, que je n'essaierai pas de le décrire. Ce métier est d'un prix tellement élevé, que les fabricants de tulle, pour ne point laisser chômer un mécanisme qui représente un capital considérable, et dont par conséquent le chômage constituerait une perte réelle, ont pris le parti de le faire fonctionner sans interruption, jour et nuit. A chaque bobine est donc attaché un double personnel, en sorte que l'ouvrier qui quitte son travail pour aller se reposer est immédiatement remplacé par un autre ouvrier. On estime que l'industrie des tulles occupe en France environ cinquante mille personnes.

Je ne terminerai pas cet article, déjà bien long cependant, sans dire un mot de l'usage des étoffes de coton comme linge de corps.

Un absurde préjugé, encore très-vivace et très-répandu dans certaines provinces, repousse l'application d'une étoffe de coton sur la peau, comme moins saine que celle d'une étoffe de toile ou de lin.

Or, non-seulement une chemise de coton n'a aucune action malfaisante, quelles que soient les circonstances dans lesquelles on la porte; mais, au point de vue de l'hygiène, elle est préférable à une chemise de toile, en ce sens qu'elle est plus chaude en hiver et plus fraîche en été.

La raison en est facile à comprendre.

Un vêtement est d'autant plus chaud qu'il se laisse moins librement traverser par la chaleur qui rayonne de notre corps. Or, le coton est bien plus mauvais conducteur du calorique que la toile. Mais le coton a encore une autre propriété que ne possède point la toile au même degré : c'est de laisser s'échapper les vapeurs produites par la transpiration, et d'absorber la sueur lorsqu'elle est très-abondante. Ainsi, tandis qu'une chemise de toile condense la sueur sur la peau, devient humide et froide, ce qui arrête brusquement la transpiration et occasionne toujours un malaise et souvent un rhume, la chemise de coton n'a aucun de ces inconvénients.

Enfin, appliquée sur une plaie, une bande de calicot ne fait rien de plus, rien de moins qu'une bande de toile; et si dans nos hôpitaux on ne se sert pour les pansements que de toile de lin ou de chanvre, c'est par respect pour un vieux préjugé, et surtout pour ne pas inquiéter les blessés. Dans les hôpitaux anglais on ne se sert que de calicot, et les malades ne s'en trouvent pas plus mal.

PEAUX ET PELLETERIES

L'art de préparer la peau des animaux doit remonter à la plus haute antiquité, puisque les plus vieux auteurs parlent de *cuir* et de vêtements confectionnés avec la dépouille de diverses bêtes. Ainsi Moïse, pour la décoration du Tabernacle, employa des peaux de bélier teintes en rouge et en bleu (1), et les héros d'Homère se servaient de boucliers doublés de plusieurs cuirs superposés.

(1) Exode, c. xxvi.

Mais laissant de côté les témoignages historiques, au moyen desquels il serait à peu près possible de se rendre compte des procédés mis anciennement en usage dans le double but d'empêcher les peaux de se gâter et de conserver leur souplesse naturelle, je ne m'occuperai que de l'art de préparer les peaux tel qu'il se pratique aujourd'hui.

Cet art se divise en plusieurs branches très-distinctes, car il est clair qu'on n'apprête pas de la même manière la peau de bœuf destinée à former la semelle de nos bottes, et la peau de martre destinée au manchon d'une dame élégante.

Les plus importantes de ces branches sont la tannerie et la mégisserie.

La tannerie prépare la peau des bêtes à cornes et des chevaux, qui sert principalement à la confection des grosses chaussures. Ces peaux, après leur préparation, prennent le nom de *cuirs*.

La mégisserie apprête les peaux d'une foule d'animaux qui, diversement traitées, deviennent propres à une multitude d'usages : à la fabrication des gants, à la reliure des livres, à la sellerie, etc. Ces peaux conservent, après leur préparation, leurs noms primitif de *peaux*.

Enfin on appelle pelleteries les peaux auxquelles on laisse leur poil. Quand elles ont subi l'apprêt nécessaire à leur conservation, on les désigne sous le nom de *fourrures*.

I

LA TANNERIE

Les peaux destinées à être tannées arrivent chez le tanneur soit fraîches, soit sèches, soit salées.

Les peaux fraîches sont fournies par les bouchers et les équarrisseurs de la localité. Comme rien n'a été mis en œuvre pour prévenir leur décomposition, le tanneur est obligé de les travailler sans aucun retard.

Les peaux salées et desséchées sont l'objet d'un commerce important. C'est l'Amérique du Sud qui, par les ports de Rio et de Buenos-

Ayres, en expédie le plus en Europe. Il y a en effet dans cette partie du monde d'immenses contrées où paissent, presque en liberté, d'innombrables troupeaux de chevaux et de bêtes à cornes que l'on chasse principalement pour leur peau.

Ces peaux, salées ou simplement desséchées, sont transportées en Europe, et la France seule en reçoit environ huit millions de kilogrammes par an (1). Il est à remarquer que les peaux sèches se vendent plus cher que les peaux fraiches, parce que, tandis que celles-ci perdent près de la moitié de leur poids par l'opération du tannage, les autres, au contraire, transformées en cuirs, se trouvent d'un cinquième plus lourdes qu'elles ne l'étaient à leur arrivée dans l'atelier.

Livrées à elles-mêmes, les peaux se putréfient rapidement si elles séjournent dans des lieux sombres et humides; suspendues au contraire dans un endroit bien aéré, elles se dessèchent plus ou moins vite, selon l'élévation de la température, puis se roidissent et se

(1) Le poids total des peaux de toute espèce fabriquées en France est évalué à 45 millions de kilog.

durcissent; on ne pourrait à la rigueur les employer dans cet état que pour un très-petit nombre d'usages; car quel parti tirer de cuirs sans souplesse, très-perméables à l'eau et s'usant promptement par le frottement?

Le but du tannage est d'abord de rendre les peaux imputrescibles, d'augmenter leur imperméabilité, enfin de rendre à certaines peaux la souplesse qu'elles avaient lorsqu'elles revêtaient l'animal.

Pour rendre les peaux imputrescibles, il suffit de combiner la matière animale et gélatineuse qui constitue leur tissu, avec du tannin. Le tannin, en se combinant avec la gélatine, forme avec elle un composé insoluble dans l'eau.

Pour leur rendre leur souplesse et augmenter leur imperméabilité, on les corroie, c'est-à-dire on les bat, on les foule, on les roule en les oignant de matières grasses que l'on incorpore avec elles.

Un certain nombre de végétaux contiennent une assez forte dose de tannin pour être employés au tannage des peaux; mais on a dû naturellement choisir de préférence le végétal le plus répandu et qui en fournit la plus grande quantité. Or le végétal qui remplit le mieux ces deux conditions, c'est le chêne, dont l'écorce, réduite en poudre, s'appelle *tan*. On donne le nom commercial de *sumac* aux feuilles et aux tiges desséchées et broyées de toutes les autres plantes qui peuvent être employées comme matière tannante. Les prix relatifs du sumac et du tan font que dans les tanneries on se sert exclusivement de cette dernière substance.

Le tan s'obtient en écorçant des chênes au printemps, lorsqu'ils sont en pleine séve; cette opération se fait le plus ordinairement après l'abattage de l'arbre. Les écorces sont d'abord mises à sécher à l'ombre, puis hachées, et enfin moulues.

La tannerie produit des cuirs forts et des cuirs mous.

Pour fabriquer des cuirs forts, on ne devrait employer que des peaux de bœuf ou de buffle, mais on glisse parmi celles-ci bon nombre de peaux de vache.

Voici en quelques mots les préparations diverses et consécutives que l'on fait subir aux peaux destinées principalement à former les semelles des souliers et des bottes.

On débute par laver les peaux à grande eau pour les *dessaigner*, en terme de métier, c'est-à-dire pour les ramollir et les gonfler. Le dessaignage, quand on opère sur des peaux fraîches, dure au plus deux ou trois jours; mais quand on opère sur des peaux sèches ou salées, on ne parvient à les assouplir convenablement qu'après les avoir alternativement lavées, immergées, étirées en tous sens et foulées. Pour ces dernières, il faut quelquefois huit et dix jours pour les *mettre en état*.

Dès que les peaux ont été dessaignées, on les transporte dans une étuve chauffée à vingt-cinq degrés, où elles demeurent pendant vingt-quatre heures exposées à l'action de la vapeur.

Puis vient le *débourrage*, qui consiste à dépouiller les peaux de leur poil. On enlève ce poil en plaçant les peaux sur une espèce de chevalet, et en les raclant avec un couteau sans tranchant.

Dans l'atelier du débourrage, les peaux subissent quatre façons:

On les *écharne*, c'est-à-dire on enlève les restes de chair qui peuvent adhérer à la peau ;

On les *rogne*, c'est-à-dire on retranche tous les lambeaux inutiles qui se trouvent le long des bords de la peau ;

On adoucit la fleur de la peau, c'est-à-dire le côté où était le poil, avec une pierre polie ;

Enfin on les épluche soigneusement, de manière à ce qu'aucune particule de chair ou aucun corps étranger n'y adhère plus, et on les lave jusqu'à ce que l'eau qui en découle soit claire et limpide.

Quand les peaux sortent du débourrage, elles sont mise à la *jusée*.

La jusée est un bain composé d'eau et de *vieux tan;* on appelle vieux tan le tan qui a déjà servi, et qui par conséquent a perdu une grande partie de ses propriétés.

Les peaux sont mises à la jusée dans de grands baquets. Tous les jours on les agite et on les retourne dans leur bain. Le quatrième jour on les retire, et on les laisse reposer pendant trois jours, au bout desquels on remet les peaux dans une nouvelle jusée, composée cette fois d'eau et de tan neuf. Tous les jours on remue les peaux, en augmentant chaque fois la force de la jusée par une nouvelle addition de tan neuf. Après les avoir laissées reposer pendant une quinzaine de jours, elles sont bonnes à être *mises en fosse.*

Le but de la jusée, c'est d'ouvrir les pores des peaux de manière à ce que les principes actifs du tan puissent les pénétrer plus facilement et plus complétement.

La mise en fosse (1) est l'opération principale de la tannerie; toutes les façons que nous venons de voir donner aux peaux ne sont, à bien parler, que les préparations préliminaires du tannage proprement dit, puisque ces préparations n'ont en rien modifié la nature

(1) Les peaux de cheval ne se mettent jamais en fosse; on les tanne à la jusée, en les immergeant pendant trois semaines environ dans plusieurs dissolutions de tan, de plus en plus énergiques. Ce mode de tannage s'appelle *tannage à la flotte.* Divers essais ont été tentés, et le sont encore tous les jours en France et surtout en Angleterre, pour remplacer la mise en fosse par le tannage à la flotte; mais la nécessité d'employer dans ce mode de tannage des acides qui attaquent le cuir engagera probablement à renoncer à ce projet, à moins que l'économie de temps qu'offre le tannage à la flotte ne fasse passer par-dessus la mauvaise qualité de la marchandise.

des peaux, qui, dans la fosse, vont se transformer en cuir.

Les fosses sont de vastes cuves en bois, enfoncées dans la terre de manière à ce que leur bord supérieur effleure le sol.

On commence par garnir le fond de la cuve d'une couche de vieux tan, recouverte par une couche épaisse comme un travers de main de tan neuf. Sur ce lit on étend plusieurs peaux de manière à ce qu'elles l'occupent tout entier, sans cependant se recouvrir mutuellement. Sur ces peaux on dispose bien également une seconde couche de tan neuf, et on remplit ainsi la fosse, en séparant toujours les rangées de peaux par un lit de tan. Quand il ne reste plus que vingt à trente centimètres entre la couverture du dernier rang de peaux et les bords de la fosse, on finit par la combler avec du vieux tan, puis on la clôt avec des planches sur lesquelles on place de grosses pierres. On termine l'opération par *mouiller* la fosse, en y faisant arriver une quantité d'eau suffisante pour que le tan, en s'humectant, abandonne son tannin qui doit profondément modifier la matière animale avec laquelle il se trouve en contact.

Les cuirs forts devraient rester en fosse pendant dix-huit mois : alors seulement ils seraient parfaits ; mais les tanneurs ont rarement la patience d'attendre aussi longtemps ; ils ne les laissent communément que de six mois à un an.

J'oubliais de dire que pendant leur séjour en fosse on visite une fois les cuirs, et qu'on profite de la circonstance pour les *relever*, c'est-à-dire pour les replacer en sens inverse, ceux du fond en dessus et ceux de dessus au fond.

Les cuirs forts, après avoir été définitivement tirés de la fosse, n'ont plus qu'à être brossés sur des tables, séchés, et martelés soit à la main, soit par un moyen mécanique, pour être prêts à être livrés à la consommation.

Les cuirs mous subissent toutes les préparations précédentes, sauf une seule, la *mise à l'étuve*, qui est pour eux remplacée par le *pélanage*, qui se place entre le dessaignage et le débourrage.

Le pélanage est une opération qui consiste à laisser tremper les peaux dans un lait de chaux. On commence par immerger les peaux dans du *pelain mort*, c'est-à-dire dans un lait de chaux qui a déjà servi (épuisé en partie par conséquent), pour finir par les laisser séjourner quelque temps (le pélanage dure en tout trois semaines) dans du pelain neuf, c'est-à-dire dans de l'eau où l'on a versé un hectolitre de chaux par vingt-cinq peaux de grosseur moyenne.

Jusque après le tannage inclusivement, les cuirs mous se traitent donc, à peu de chose près, comme les cuirs forts. Mais tandis que le tannage est la dernière façon importante que reçoivent les cuirs forts, les cuirs mous ne sont en état d'être employés qu'après avoir subi les opérations suivantes :

Au sortir de la fosse on les ramollit, on les assouplit en les immergeant à plusieurs reprises dans de grands baquets remplis d'eau, et en les foulant sous les pieds chaussés de sabots plats; puis on les *écharne* du côté de la chair, c'est-à-dire que l'on diminue leur épaisseur naturelle, plus ou moins selon l'usage auquel les cuirs sont destinés.

Le *décharnage* s'exécute avec un couteau d'une forme particulière. Figurez-vous un anneau tranchant dont le vide central reçoit la main de l'ouvrier qui s'en sert.

A l'écharnage succède le tirage *à la paumelle*. Cette opération consiste à frictionner fortement les cuirs avec un outil en bois dur, sur la face active duquel sont creusées des cannelures régulières. Cette façon a pour but de rendre le cuir lisse et doux.

Quand les cuirs ont été *tirés* à la paumelle, on les *étire* sur une plaque de fer ou de cuivre, et alors on les livre au commerce, où ils paraissent sous le nom de cuirs étirés.

Pour l'usage des selliers et des bourreliers, on *passe* un grand nombre de cuirs étirés, surtout les plus forts, au suif ou à l'huile de poisson. Passer un cuir à l'huile ou au suif, c'est le saturer complétement de l'un ou de l'autre de ces corps gras, ressuyer la graisse non absorbée et le teindre en noir. La teinture généralement employée, parce qu'elle n'altère en rien la qualité du cuir, s'obtient en laissant rouiller des morceaux de ferraille dans du vin, ou mieux dans de la bière.

Un mot encore sur les cuirs dits de Russie et de Hongrie.

Le cuir de Russie se prépare aussi bien en France qu'en Russie, depuis que sa fabrication a cessé d'être un secret. Ce sont MM. Paul Duval et Grouvelle qui, les premiers, ont préparé à Paris des cuirs dits de Russie ne laissant rien à envier aux meilleurs cuirs importés du pays de ce nom. Cette introduction a valu à ces messieurs la prime proposée par la Société d'Encouragement à celui qui, faisant connaître en France les procédés russes, affranchirait notre pays du tribut qu'il payait à une industrie étrangère (1).

Voici comment on opère pour obtenir le cuir dit de Russie.

On tanne, comme nous l'avons expliqué pour les cuirs mous, jusqu'à l'écharnage, et c'est seulement à partir de cette façon que sont mis en œuvre des procédés particuliers.

Immédiatement après l'écharnage, on fait tremper les cuirs pendant quarante-huit heures dans une sauce composée d'eau et de farine de seigle fermentée; puis on les lave à la rivière.

(1) Le but a été atteint, puisqu'on n'importe plus en France, par an, qu'une centaine de kilogrammes de cuir de Russie.

Après les avoir immergés de nouveau, pendant quinze jours, dans une décoction d'écorce de saule, on les oint à plusieurs reprises avec une huile empyreumatique extraite de l'écorce du bouleau. A ces façons succède la mise en couleur.

Les deux propriétés les plus remarquables du cuir dit de Russie, c'est d'être imperméable à l'humidité, qui n'a non plus sur lui aucune action destructive; et, par l'odeur indélébile dont l'a imprégné l'huile empyreumatique, d'éloigner les vers et les insectes, qui ne l'attaquent jamais. Il en résulte qu'une bibliothèque contenant, épars dans ses rayons, quelques volumes reliés en cuir de Russie, se trouve tout entière à l'abri de la piqûre des vers.

Les cuirs de Hongrie, ou cuirs hongroyés (on leur donne ce nom parce que les premiers ont été importés de la Hongrie), diffèrent de tous les autres cuirs forts en ce qu'ils ne sont pas tannés au tan, mais par une préparation d'alun et de sel marin. Les cuirs saturés de graisse joignent une grande force de résistance à une grande souplesse. Ils servent surtout aux bourreliers pour fabriquer les soupentes de voitures

3*

et les pièces molles des harnais propres aux chevaux de roulage et de halage.

C'est encore le cuir hongroyé qu'on choisit pour faire les courroies qui doivent supporter un effort considérable par les transmissions de mouvement usitées dans les ateliers munis de machines à vapeur ou hydrauliques.

II

DE LA MÉGISSERIE

La mégisserie s'occupe de la préparation de la peau des animaux de petite et de moyenne taille que l'on emploie à divers usages.

Mais comme ces usages sont très-nombreux, et comme d'ailleurs la destination de ces peaux exige des façons spéciales, il en est résulté que la mégisserie s'est subdivisée en trois spécialités, et que nous avons :

Le mégissier, qui prépare les peaux de mouton, d'agneau, de chèvre, de chevreau, avec lesquelles on confectionne des gants, des tabliers, des sacs de diverses formes, etc.;

Le maroquinier, qui prépare l'espèce de cuir connu sous le nom de maroquin;

Enfin, le pelletier-fourreur, qui *passe* les peaux garnies de leurs poils, connues sous le nom de fourrures.

Comme il ne serait pas possible d'examiner ici les procédés si divers au moyen desquels on rend toutes ces peaux propres à mille usages, je me bornerai à quelques explications sur l'art de la mégisserie en général, et à quelques détails sur un petit nombre de préparations spéciales.

Les mégissiers remplacent, pour toutes les peaux qui passent entre leurs mains, le *tannage* proprement dit par des immersions plus ou moins prolongées, d'abord dans un bain d'eau de son, ensuite dans un bain d'eau tiède renfermant par peau six à huit cents grammes d'alun et environ deux cents grammes de sel marin. L'épilage, quand il doit avoir lieu, s'obtient à l'aide d'une bouillie de chaux et d'orpiment (sulfure d'arsenic) dont on étend une couche sur la peau du côté de la chair.

Le maroquin est une peau de bouc ou de chèvre tannée et mise en couleur par des procédés dont les Arabes et les Turcs ont longtemps conservé le secret.

La ville de Maroc, qui la première a expédié en Europe des cuirs ainsi préparés, leur a tout naturellement donné son nom.

Après de nombreuses tentatives pour fabriquer le maroquin, un habile industriel créa à Choisy, vers la fin de la révolution, une manufacture importante dont les produits lui valurent, en l'an X, une couronne et une médaille d'or. C'est, en effet, le fondateur de cet établissement, M. Fauler, qui parvint le premier à fabriquer de véritables maroquins, possédant toutes les qualités de ceux qu'on avait été forcé jusque-là de tirer du Maroc ou du Levant.

Aujourd'hui on maroquine, non-seulement des peaux de chèvre, mais des peaux de mouton et de veau destinés à la reliure des livres, à la confection des chaussures de luxe, etc.

Quelques personnes sont encore persuadées

que les maroquins turcs sont supérieurs aux nôtres; c'est une erreur. « Les maroquins turcs, répondait un célèbre relieur (1) interrogé à ce sujet par les membres d'un jury chargé d'une enquête commerciale, les maroquins du Levant n'ont à mes yeux qu'un seul mérite, celui de venir de loin.

La première opération à laquelle se livre le fabricant de maroquin, c'est de soumettre à un minutieux examen les peaux qu'il va mettre en œuvre. Il les trie donc avec un soin extrême, car il sait que pour certaines couleurs (le rouge et le gris sont les couleurs les plus délicates) le moindre défaut dans la peau deviendra tellement apparent après la teinture, que cette peau perdra le tiers de sa valeur.

La rigoureuse inspection dont je viens de parler se renouvelle à chaque façon que reçoivent les peaux destinées à être teintes en rouge et en gris, parce que souvent une façon fait ressortir une écorchure, une cicatrice qui avait échappé jusque-là à l'œil le plus exercé.

Ce n'est qu'après cette opération prélimi-

(1) Thouvenin.

naire que commence réellement le maroquinage.

On débute par mettre tremper les peaux pendant quatre à cinq jours; après ce temps on les écharne par le procédé déjà décrit. L'épilage se fait ensuite à la chaux, puis on les fait *dégorger*, et pour atteindre plus sûrement ce résultat, on les laisse digérer pendant vingt-quatre heures dans un bain de son aigri. « Les peaux destinées à être teintes en rouge sont alors cousues deux par deux, la chair en dedans, de manière à former un sac, puis passées dans un bain de chlorure d'étain, et ensuite dans un bain de cochenille. Après les avoir rincées, on les tanne en décousant une partie du sac pour y introduire la quantité de sumac nécessaire au tannage, gonflant le sac pour y introduire de l'air par insufflation, liant vivement l'orifice avec une ficelle, puis les agitant sans cesse en tous sens pendant quatre heures, dans une faible dissolution de sumac. Après les avoir relevées deux fois en vingt-quatre heures, le tannage est terminé. Les peaux qui doivent recevoir une couleur autre que le rouge sont immédiatement tannées au sumac, *à la flotte*, après le dégorgeage. On les nettoie ensuite, on les sèche et on les met en magasin. Avant de les teindre, on les fait revenir en les plongeant dans de l'eau à trente degrés, puis en les soumettant à un foulage énergique; on les nettoie ensuite et on les plie en deux chair contre chair, en faisant, autant que possible, adhérer les deux surfaces au moyen d'un couteau rond et émoussé. Le noir se donne à la brosse avec une dissolution de fer dans de la bière aigre; le bleu se teint à froid à l'indigo; le jaune de toutes les nuances dans une dissolution d'épine-vinette; les violets et les pensées en donnant une ou deux couches de bleu, puis passant dans un bain de cochenille plus ou moins chargé.

« On comprime ensuite fortement les peaux de même couleur en les empilant sur le plateau d'une presse hydraulique pour chasser l'excès d'eau et la couleur non fixée. Quelle que soit sa couleur, on termine le maroquin, avant qu'il soit complétement desséché, en l'amincissant avec un couteau à fil relevé, puis en le lustrant avec des cylindres lamineurs en cristal de roche, enfin en lui donnant le glacis.... On obtient un grain en losange en faisant passer dans les deux sens la peau sous un cylindre de bois dur, taillé à sa surface en vis très-fine (1). »

Constantinople, Smyrne, Chypre, Tunis et Maroc possèdent d'importantes fabriques de maroquin; il y a en outre à Constantinople des ateliers où l'on confectionne en maroquin des selles, des brides, des housses, enrichies de magnifiques broderies en fils d'or, d'argent et de soie. Les produits de ce genre fabriqués à Constantinople sont traités avec une perfection et un goût très-remarquables.

Astrakhan, Kazan et Moscou, en Russie, et une dizaine de villes d'Allemagne, possèdent aussi des fabriques de maroquin qui jouissent d'une grande réputation.

Enfin l'Angleterre a apporté, récemment il est vrai, de tels perfectionnements à l'art du maroquinage, qu'elle exporte aujourd'hui une grande quantité de peaux préparées qui rivalisent avec celles de Chypre, les plus estimées du Levant.

On porte à près de dix millions de francs la valeur du maroquin préparé annuellement

(1) *Encyclopédie technologique.*

en France. Nos exportations sont néanmoins peu considérables, parce que les relieurs, les gainiers, les tabletiers, les selliers, etc., en consomment la majeure partie.

La peau de chagrin est une espèce de cuir que caractérise la multitude de petites aspérités dont il est hérissé.

Voici comment on l'obtient :

On choisit une peau d'âne, de mulet ou de chameau, dont on ne prend que la partie qui recouvrait le bas de l'échine et les fesses de l'animal; on la ramollit dans l'eau, et on l'écharne soigneusement.

Ceci fait, on tend la peau le plus fortement possible sur un cadre de bois, que l'on place horizontalement sur une surface plane, le poil en dessus. Sur ce poil on répand une couche de la graine très-dure d'une plante que les botanistes nomment *Chenopodium album*, et les jardiniers *Quinoa;* puis, en piétinant longtemps la peau ainsi recouverte de graines, on finit par les y incruster profondément.

On laisse sécher la peau dans cet état. Quand le hâle l'a durcie, on la bat, on la secoue pour faire tomber les graines, qui, en tombant, laissent la peau criblée de petites cavités, dont le fond bombé saillit de l'autre côté de la peau.

Enfin, à l'aide d'un couteau à lame ronde et d'un tranchant très-vif, on amincit la peau du côté des *bosses*, de manière à les rendre le plus saillantes qu'il est possible. Il ne reste plus alors qu'à laisser macérer la peau dans une lessive de carbonate de soude, pour que les parties comprimées se gonflent, et en se gonflant produisent les aspérités rugueuses qui caractérisent le chagrin.

La coloration s'obtient par les procédés ordinaires; on les teint en noir avec la noix de galle, en bleu avec l'indigo, en rouge avec un mélange de kermès et d'alun, etc. etc.

L'emploi du chagrin est assez limité; ce sont les gaîniers et les tabletiers qui s'en servent à peu près exclusivement, pour couvrir des étuis, des boîtes, des coffrets. On remarque toutefois que, depuis une vingtaine d'années, la consommation du chagrin se restreint de plus en plus, parce qu'on lui préfère le maroquin, moins résistant il est vrai, mais moins cher et plus agréable à l'œil et surtout à la main.

Il se fabrique en France peu de vrai chagrin ; on se contente de peaux chagrinées, c'est-à-dire ayant l'apparence de chagrin. Ces dernières perdent leurs aspérités après un court usage. Le vrai chagrin se tire de la Turquie, de la Syrie, de Tunis et de Tripoli ; la Pologne en fournit également, mais il est moins estimé que celui du Levant.

Il me reste à dire quelques mots du cuir verni.

Il n'y a guère qu'une vingtaine d'années que l'on a commencé à fabriquer en France des cuirs vernis ; mais les progrès et les succès de cette fabrication ont été tellement rapides, que pour la perfection et l'importance elle a marché de pair avec toutes ses aînées.

Quelque grand cependant qu'ait été le succès du cuir verni employé pour chaussures, il eût été plus grand encore si tous les fabricants, comprenant l'importance de ne livrer que de la bonne marchandise, n'avaient pas jeté sur la place des qualités inférieures, bien capables de dégoûter les consommateurs d'un produit qui ne supporte aucune médiocrité. En effet, si le cuir verni bien fabriqué est en tout point supérieur pour les chaussures fines et pour une foule d'usages au cuir ordinaire; mal préparé, son aspect brillant masque la plus amère déception et constitue un véritable guet-apens.

Le cuir verni doit posséder les qualités suivantes : être brillant; se nettoyer parfaitement par un simple lavage à l'eau pure; être complétement imperméable; offrir à la traction plus de résistance que le cuir ordinaire de même qualité et de même épaisseur; se laisser froisser en tous sens sans que le vernis se détache et s'écaille; enfin se conserver frais, et durer plus longtemps que le cuir ordinaire.

Tout ceci n'est point un *desiderata* : les cuirs vernis livrés par un certain nombre de fabriques possèdent toutes les propriétés énoncées ci-dessus; et si l'on rencontre trop souvent des cuirs vernis qui, au bout de quelques jours d'usage, s'écaillent, se gercent et se coupent, il ne faut pas s'en prendre au produit en lui-même, mais à l'ignorance ou à la mauvaise foi du fabricant.

Le vernissage des cuirs exige deux opérations distinctes :

1° L'apprêtage de la peau;

2° Le vernissage proprement dit.

L'apprêtage a pour but de mettre la peau en état de recevoir la couche de vernis, et il serait impossible de mener à bien cette première opération, si on la tentait sur des cuirs qui n'eussent pas été tannés et corroyés avec le plus grand soin; en un mot, on ne peut vernir convenablement que des cuirs qui ne laissent rien à désirer. Ce premier point est d'une importance décisive.

Pour mettre une peau en état de recevoir le vernis, il faut d'abord polir parfaitement sa surface et boucher tous ses pores. On obtient ce double résultat en étendant sur la peau trois couches d'un apprêt composé d'huile de lin, de litharge et de quelques autres ingrédients; puis on la polit avec la pierre ponce. On répète ces deux opérations autant de fois qu'il est nécessaire pour que l'apprêt soit réparti très-également, sans cependant acquérir une trop grande épaisseur.

Quand le *fonds* de la peau est ainsi fait, on y applique un vernis, dont les principaux ingrédients sont la gomme copale, le bitume de Judée et l'essence de térébenthine; on donne de cinq à huit couches de ce vernis, en ayant grand soin de n'appliquer une nouvelle couche que lorsque la précédente est bien sèche, et de mettre la peau entièrement à l'abri de la poussière pendant le séchage.

La préparation du cuir verni est peu compliquée, comme on le voit; mais c'est dans sa simplicité même que réside la difficulté, car le succès dépendant de très-peu de chose, la moindre négligence, la moindre maladresse de la part d'un ouvrier, la plus petite erreur dans la composition du vernis, peut compromettre à chaque instant toute l'opération.

Du reste, il est bon de dire que chaque fabricant a des recettes particulières pour préparer son vernis, et même pour l'appliquer; toutefois les procédés que j'ai indiqués plus haut constituent le fond de la préparation; les différences que je signale portent donc uniquement sur des détails sans intérêt pour celui qui n'est pas du métier.

III

PELLETERIES

Le nombre des animaux dont la peau garnie de ses poils sert pour tapis, pour vêtements, pour harnachement, etc., est tellement grand, que je ne puis songer à donner ici la description et l'emploi de toutes les pelleteries.

Je me bornerai donc à dire quelques mots du trafic des pelleteries, de leur préparation spéciale, enfin de quelques espèces de fourrures qui me sembleront mériter une mention particulière.

Le trafic des pelleteries est beaucoup plus important que nous ne le croyons généralement; cela tient à ce que, sous notre beau climat, les fourrures sont plutôt un objet de luxe que de nécessité, tandis que dans le Nord les fourrures sont d'un usage nécessaire et général, parce que sans elles il serait impossible aux habitants de ces pays de résister, hors de leurs maisons, à l'intensité du froid.

Il en résulte qu'il se fait en Russie, en Suède, en Norwége, en Sibérie, au Canada, une énorme consommation de fourrures; il est même fort heureux que la solidité et la durée des peaux surpasse celle des étoffes, car, sans cela, le produit des chasses ne suffirait pas aux besoins des populations.

C'est des vastes contrées qui s'étendent au nord de l'Amérique septentrionale et des provinces qui forment, en Europe et en Asie, l'immense empire russe, que viennent non-seulement les fourrures les plus belles et les plus chères, mais la majeure partie des pelleteries qui entrent dans le commerce.

Quatre compagnies se livrent en grand au trafic des pelleteries; leurs opérations sont conduites avec tant d'ensemble et de régularité, ces compagnies disposent en outre de capitaux si considérables, enfin leurs relations sont si fortement établies, qu'elles ont découragé autour d'elles toute concurrence individuelle capable de leur porter ombrage.

Ces compagnies sont, en les classant d'après leur importance relative :

1° La compagnie de la baie d'Hudson, dont le centre est à Londres ;

2° La compagnie américaine, établie à New-York ;

3° La compagnie russo-américaine; son siége est à Moscou ;

4° La compagnie danoise du Groënland, à Copenhague.

Ces compagnies ont des chasseurs attitrés, et, de plus, traitent directement avec les peuplades à demi sauvages dont la chasse constitue la principale occupation.

Tous les ans, ou plusieurs fois par année, ces compagnies expédient en Europe, principalement à Londres, et aux foires de Leipsick et de Francfort, les pelleteries qu'elles se sont procurées. C'est à ces trois grands marchés que les négociants de tous les pays vont faire leurs approvisionnements en fourrures.

Afin qu'on se fasse une idée de l'importance du commerce des fourrures, je vais transcrire ici un document officiel émané de l'administration des douanes.

En 1837, il a été présenté à la seule foire de Leipsick :

Pelleteries russes.

44,000	peaux d'agneau.
8,000	— de blaireau.
3,000	— d'hermine.
1,800	balles de peaux de lièvre.
2,500	peaux de martre zibeline.
2,000,000	— de petit-gris.
20,000,000	queues de petit-gris.
400	sacs de fourrures diverses.

Pelleteries de l'Europe centrale.

10,000	peaux de martre.
15,000	— de blaireau.
180,000	— de chat.
100,000	— de fouine.
310,000	queues de fouine.
5,000	peaux de loutre.
20,000	— de putois.
150,000	— de renard.

Pelleteries d'Amérique.

300	peaux de castor.	
3,000	—	de loutre.
20,000	—	de martre.
4,000	—	de pekand.
12,000	—	de renard (div. espèces).
10,000	—	de vison.
20,000	—	de marmotte.

La compagnie de la baie d'Hudson, ainsi que celle de New-York, exploite exclusivement le nord-est de l'Amérique, depuis l'océan Pacifique, en passant par les Montagnes Rocheuses, jusqu'au détroit de Behring.

« Chaque année, vers le mois de mai, dit l'auteur d'un excellent article inséré dans le *Dictionnaire du Commerce et des Marchandises*, les agents de la compagnie établis à Montréal se rendent dans les pays des Indiens chasseurs, emportent avec eux des objets grossiers d'habillement, des armes, des munitions, des outils, du tabac, des liqueurs spiritueuses et autres denrées propres à leur trafic. Ils s'embarquent pour ce long et pénible voyage sur des canots à fond plat d'une légèreté extrême, remontent la rivière Ottawa, gagnent le lac Nippising, et par la rivière Française entrent dans le lac Huron, passent les chutes de Sainte-Marie, traversent le lac Supérieur et arrivent à l'établissement appelé *le Grand-Portage*. Pendant cette longue route ils ont été souvent obligés de décharger leurs canots et de porter les marchandises, disposées à cet effet en paquets du poids d'environ 40 kilog., jusqu'à ce que la profondeur de l'eau devînt suffisante pour leur navigation : d'autres fois ils sont même forcés de transporter par terre et à dos d'homme le canot aussi bien que le chargement; mais, comme nous le saurons bientôt, des obstacles plus grands encore s'opposent au voyage du lac Supérieur. Vers le nord-ouest, au Grand-Portage, les négociants rencontrent les agents appelés *coureurs de bois*, qui passent toute l'année dans ces contrées, et qui parcourent le pays pour trafiquer avec les Indiens. Ils reçoivent d'eux les fourrures objet de leur expédition, et après avoir réglé les affaires de la compagnie, ceux qui ne doivent pas séjourner dans le pays retournent à Montréal, où ils arrivent en septembre. Pour pénétrer plus avant dans l'intérieur, les aventuriers demeurés sur les bords du lac Supérieur construisent de nouveaux canots de moitié plus petits que les précédents, et devant être montés par quatre ou six hommes. On charge chaque canot d'environ trente-trois paquets de marchandises, et l'on confie à un seul pilote la direction de quatre de ces embarcations. L'expédition part de la rivière Autort, sur le côté nord du Grand-Portage, traverse une série de petits lacs et rivières dont la navigation est interrompue par des *portages* (1), et arrive dans les eaux profondes du

(1) Tandis que les pilotes dirigent les canots, leurs compagnons marchent souvent le long de la rive portant marchandises, provisions, pour alléger les canots; c'est ce qu'on appelle les *décharges*. Mais dès que les canots sont arrêtés par un obstacle, un rocher, une cascade, ou naturellement la rencontre de la terre, ce ne sont plus alors les ballots et les caisses qu'il s'agit de porter, mais les canots eux-mêmes jusqu'à ce qu'on retrouve de l'eau: c'est ce qu'on appelle les *portages*. Ces Canadiens qui composent ordinairement le personnel de l'expédition sont très-susceptibles, je dirai même chatouilleux sur un point : c'est sur l'équitable distribution des ballots entre les canots qui font partie d'une même expéditton. Leur susceptibilité est fondée sur d'excel-

grand lac Winiping, qui communique avec le pays d'Hudson par les fleuves de Barens ou Severn, et de Bourbon ou de Nelson, et conduit vers le nord et l'ouest par les rivières du Dauphin, du Daim-Rouge et de Saskatchawan, sur les bords desquels on a construit plusieurs petits forts destinés à protéger le commerce des pelleteries. En remontant le Saskatchawan, la

lentes raisons; car, en supposant les embarcations tout à fait semblables, la plus légère différence dans la charge en produira une grande dans les vitesses relatives, et occasionnera de plus longs retards aux portages. Pour éviter toute contestation, le chef pilote est dans l'usage de distribuer la charge entière en différents lots, que les hommes de l'équipage tirent à la courte paille; les arrêts du sort sont sans appel, et chacun obéit, non sans se réjouir ou murmurer selon sa bonne ou mauvaise fortune.... Qu'on s'imagine, s'il est possible, ce que doit être la fatigue de ces hommes, naviguant ou marchant, travaillant sans relache pendant des années entières, tantôt glacés par les froids les plus rigoureux, tantôt, dans les rapides étés, accablés de chaleur, assaillis par les moustiques et par les maringouins, qui s'acharnent sur leurs corps, sur leurs visages, et les baignent d'une sueur de sang : la famine se mêle quelquefois à tous ces maux; souvent aussi il leur faut lutter avec les bêtes féroces et avec les Indiens.... Donnons donc, de temps à autre, une pensée à ces hommes qui mènent là-bas une si rude existence, pour apporter des déserts du nord ces belles fourrures que nous consommons au milieu du luxe et de l'abondance. (*Voyages du capitaine Backs.*)

flottille traverse un pays riche en fourrures précieuses, et elle gagne par une rivière affluente le lac de l'Esturgeon. Elle continue ensuite sa route à travers divers lacs et portages jusqu'à la rivière de Churchill, qui la conduit au lac de l'Ours, d'où elle passe par une nouvelle série de lacs et par la rivière de l'Élan jusqu'au lac des montagnes de Citapeskow, où elle trouve un nouveau lieu de repos, le fort de Chipaways. De là, les détachements remontent la rivière de la Paix pour aller trafiquer avec les Indiens des Montagnes Rocheuses ; d'autres se rendent au lac Esclavon par la rivière du même nom, tandis que d'autres encore restent au fort pour y attendre les Indiens Chipaways qui viennent y apporter le produit de leur chasse. Les agents voyageurs et les coureurs de bois de la compagnie de la baie d'Hudson pénètrent quelquefois jusqu'à l'océan Pacifique, et c'est à eux qu'on doit une grande partie de ce qu'on sait sur la géographie des vastes solitudes qu'ils ont ainsi explorées... »

Je n'ajouterai qu'un mot à ces renseignements d'une rigoureuse exactitude, c'est pour engager mes jeunes lecteurs à suivre sur une carte de l'Amérique du Nord l'itinéraire des agents des compagnies, des coureurs de bois, comme on les appelle communément, et alors seulement ils verront ce qu'il faut de vigueur physique et morale pour accomplir de pareilles excursions !

En Europe et en Asie, c'est dans la Laponie, la Finlande, la Sibérie, le Kamschatka et dans les îles Aléoutiennes qu'habitent les animaux (appartenant presque tous à la famille des rongeurs et des petits carnassiers) qui sont vêtus des plus précieuses fourrures. Mais il est à remarquer que ces fourrures deviennent de plus en plus belles, et par conséquent plus recherchées, à mesure qu'on s'enfonce dans le nord-est. Ainsi, si les rives marécageuses du Volga et de ses affluents recèlent déjà des loutres, des blaireaux et quelques hermines, leurs dépouilles sont moins estimées que celles des animaux de la même espèce qui se tiennent dans le voisinage du fleuve Obi, et de plus c'est là seulement que l'on commence à trouver en abondance des martres et des zibelines, des petits-gris, etc. Enfin, c'est à l'extrémité orientale de l'Asie, depuis les monts Altaï et le lac Baikal, en passant par l'immense territoire arrosé par le fleuve Lena et habité par les Iakoutes, les Ioukaghirs, jusqu'aux îles Aléoutiennes, qu'on trouve ces magnifiques fourrures qui se paient au poids de l'or et restent presque toutes en Russie.

Depuis quelques années, l'art de teindre les fourrures a fait de tels progrès, qu'il est bien peu de manchons ou de garnitures de robes qui n'aient été *touchés*, soit pour donner plus d'éclat aux peaux dont ils sont faits, soit pour que les nuances de ces peaux s'assortissent mieux entre elles, soit enfin pour imiter une fourrure plus précieuse. On n'appelle pas *dans le commerce* cette opération *teindre les peaux*, quoiqu'on y applique bien réellement certaines couleurs, mais les *lustrer*. Les fourreurs de Paris sont si habiles dans ce genre de travail, qu'à moins d'être un fin connaisseur, il est impossible de distinguer les fourrures naturelles de certaines imitations d'une perfection désespérante. Il ne faut cependant pas perdre de vue que cet art, fort licite en soi-même puisque son but est de donner à une fourrure commune l'apparence d'une fourrure de premier ordre, ne mérite le nom de fraude et de vol que lorsque le marchand vend pour naturelle une peau plus ou moins teinte.

Le lustrage se donne en teignant par immersion les peaux communes, tels que les chats, etc., et en teignant au pinceau les peaux destinées à imiter la martre, par exemple. Ce dernier procédé permet seul de donner plusieurs couleurs *au même poil* : ce qui est indispensable, puisque les poils des fourrures naturelles sont au moins de deux nuances, la nuance de la base et celle de la pointe.

L'art du fourreur ne se borne pas au lustrage des peaux; celui de les assortir, celui d'obtenir par la juxtaposition et la couture de lambeaux de peaux pris à des individus différents, soit un ensemble plus flatteur, soit un ensemble qui joue une fourrure rare et connue, est également poussé très-loin.

Comme tous les animaux, et ceux du nord encore plus que les autres, ont deux fourrures bien distinctes, celle d'hiver et celle d'été, l'époque à laquelle on a dépouillé un animal de sa peau donne ou ôte à cette peau presque toute sa valeur; non-seulement la livrée d'hiver est incomparablement plus belle, mais elle tient mieux ses poils, et la peau elle-même est de meilleure conservation.

VI

DES PRINCIPALES FOURRURES, ET DE LEUR EMPLOI

Les fourrures des grands carnassiers tels que le lion, le tigre, le loup, la panthère, le léopard, etc., ne sont guère employées que comme tapis, caparaçons, etc. Toutefois, on fait en Russie, en Norwége et en Sibérie, des manteaux et des vestes avec la peau des loups de ces pays, dont le poil est plus fin, plus serré, plus brillant que celui des loups de nos contrées.

La consommation de peaux d'ours et d'oursons est énorme. La fourrure de cet animal, forte, épaisse, touffue, fournit d'excellents tapis qui, chauds et moelleux, résistent parfaitement à un long usage. Avec une ample pelisse en peau d'ourson qui l'enveloppe tout entier, le voyageur russe brave dans son traîneau découvert un froid de trente degrés.

On connaît dans le commerce des pelleteries l'ours brun (c'est le plus commun), l'ours noir (il vient d'Amérique), et l'ours blanc, qui habite les glaces du pôle.

La nombreuse tribu des renards, dont les pelletiers distinguent plus de vingt espèces (la plupart ne diffèrent, en réalité, que par la couleur et la finesse de leur pelage), fournit une grande quantité de fourrures, les unes tout à fait communes, les autres très-recherchées. Ainsi, tandis qu'une peau de renard de France vaut de cinq à quinze francs, la peau du renard noir des îles Aléoutiennes se vend quelquefois jusqu'à cinq cents francs. Entre ces deux limites extrêmes viennent se ranger la peau du renard blanc, à laquelle le lustrage donne l'apparence de la martre; celle du renard bleu (isatis de Buffon), celle du renard de Virginie au pelage gris clair; celle enfin du renard argenté, la plus estimée après celle du renard noir. Le renard argenté se rencontre le plus fréquemment aux environs du détroit de Behring, dans l'Amérique russe. Sa taille est plus haute que celle du renard de nos pays; son pelage est un mélange de gris et de noir; sa gorge est d'un noir profond ainsi que sa queue, grosse et fournie, dont l'extrémité se termine par un bouquet blanc. La douceur et l'éclat de son poil n'est surpassé que par celui du renard noir, dont la plupart de nos fourreurs ne connaissent la peau que de nom, parce que les Russes et les Turcs les achètent presque toutes.

En général la fourrure du renard est solide et d'un bon usage. Avec les espèces communes on fait des tapis, des chancelières, des casquettes, des vestes : avec les espèces plus précieuses, des manchons, des garnitures de robe, et ces magnifiques pelisses qu'on porte en Russie et en Danemark, en Suède et en Norwége.

La peau du castor est très-estimée; on l'emploie comme fourrure, ou bien l'on en coupe les poils, qui servent alors à la fabrication des chapeaux de feutre. Dans ce dernier cas, comme la peau du castor est garnie de deux espèces de poils, on arrache les supérieurs qui sont longs, grossiers et brillants, afin de mettre à découvert les poils de dessous, les seuls dont les chapeliers font usage après les avoir soigneusement rasés.

Les peaux de castor se classent dans le commerce en trois catégories :

Les peaux fraîches. — Ce sont celles des castors tués pendant l'hiver avant la mue ; elles sont très-estimées, et servent comme fourrures proprement dites.

Les peaux sèches. — Elles proviennent des castors tués pendant l'été, tiennent le second rang et sont plus rarement employées par les fourreurs.

Les peaux grasses. — On donne ce nom aux peaux dont les Indiens se sont servis pour se couvrir pendant un temps plus ou moins long. Elles sont presque toujours salies et imprégnées d'une odeur de sueur. Ces dernières sont uniquement destinées à la chapellerie.

Les peaux de castor rasées et préparées par le mégissier servent à faire des cribles.

Le nombre des peaux de lièvre et de lapin que les fourreurs et les chapeliers consomment, s'élève par an à plusieurs millions. La presque totalité des peaux de lapin viennent des divers points de la France; mais les peaux de lièvre sont en grande partie achetées à l'étranger. C'est l'Allemagne, la Russie, la Pologne, la Livonie, qui en fournissent le plus; on les désigne sous le nom de *lièvres du nord*. C'est généralement avec le poil du dos de ces lièvres qu'on fait les *chapeaux de castor*, comme nous le verrons à l'article Chapellerie.

On trouve en Laponie, au Canada et dans le voisinage de la baie d'Hudson, un lièvre dont la livrée d'hiver est blanche comme la neige, à l'exception d'un cercle noir autour des oreilles; en été, ce même lièvre est d'un gris tirant sur le roux.

La Russie fournit un lièvre noir, mais l'espèce en devient très-rare. Le lièvre blanc et le lièvre gris possèdent des fourrures trop recherchées pour être utilisées par les chapeliers.

Les fourreurs tirent un grand parti des peaux de lapin. Ils en vendent beaucoup, mais rarement sous leur véritable nom; et telle dame qui croit posséder, par exemple, un manchon de genette, fourrure très-estimée, n'a qu'un manchon de lapin gris habilement *lustré*.

Les peaux de la belette, de l'hermine et du putois, du vison, de la fouine, de la martre, constituent, pour ainsi dire, le fonds de la boutique d'un fourreur. Tous ces animaux diffèrent plutôt par leur pelage que par leur conformation intérieure et leurs mœurs. Enfin, la plupart habitent aussi bien la zone tempérée que les pays les plus froids. Le vison, que chasse l'Indien au pied des Montagnes Rocheuses, se rencontre aux bords des marais salants de la Bretagne; la martre se reproduit aussi bien dans nos forêts, où elle se croise avec la fouine, que dans les steppes de la Sibérie. Mais, ainsi que je l'ai déjà fait remarquer, le climat sous lequel ces animaux sont nés influe d'une manière étonnante sur la beauté de leur fourrure.

Ainsi, tandis que la peau d'une belette de France est presque sans valeur, celle d'une belette russe commence à avoir un certain prix. Il en est de même pour la fouine, dont la peau habilement lustrée joue, à tromper l'œil d'un connaisseur, la peau de la martre d'Europe. Mais c'est surtout pour cette dernière que l'influence de la latitude est décisive. Les fourreurs ont donné cinq ou six noms tout à fait arbitraires aux peaux de martre, pour les classer selon leur finesse et leur valeur.

La martre zibeline, qui habite la Sibérie, est la plus estimée de l'espèce. Son poil a une propriété caractéristique, c'est de rester couché du côté où on l'applique par une simple passe de la main.

Plus les martres sont foncées, plus elles sont précieuses, et l'on cite dans le commerce quelques peaux *célèbres* de zibeline qui ont atteint des prix fous.

Les zibelines, malgré leur petite taille, sont hardies et surtout très-voraces. Elles se tiennent habituellement dans les excavations qui se forment au pied des vieux arbres ou bien entre leurs racines. Elles dévorent les martres, les lièvres, les oiseaux, qu'elles saisissent presque toujours par surprise. Au Kamschatka, les chasseurs les prennent au moyen d'un piége très-simple, une espèce d'assommoir composé d'une traverse élevée au-dessus du sol, et d'une seconde pièce de bois dont une extrémité repose sur la première et dont l'autre bout est maintenu en l'air au moyen d'un bâton qui l'arc-boute. C'est à ce bâton qu'est attaché l'appât, ordinairement un oiseau. La zibeline n'aperçoit pas plutôt l'appât qu'elle saute sur la traverse inférieure, et fond sur l'oiseau; en l'arrachant violemment elle ébranle l'arc-boutant qui soutient la traverse supérieure, et celle-ci retombant de tout son poids sur la zibeline l'assomme sur place.

La fourrure de l'hermine, qui n'est que la belette des zones boréales, est renommée pour sa blancheur éclatante. Pendant l'été le pelage de l'hermine est d'un gris fauve, et ce n'est que l'hiver qu'elle revêt sa robe éblouissante qui ne contient d'autres poils colorés que ceux de l'extrémité de la queue, toujours noirs. L'hermine, comme on le sait, double le manteau des souverains, garnit les insignes de la haute magistrature, décore les écussons de la noblesse: en un mot, c'est la fourrure aristocratique par excellence.

On donne le nom de *roselet* aux peaux des hermines tuées pendant l'été.

Le putois est un petit animal puant dont la fourrure est assez jolie, mais dont on fait peu de cas à cause de l'odeur qu'elle conserve et dont on ne peut la débarrasser complétement. Mais à tout inconvénient il y a des compensations : ainsi, la peau du putois n'est jamais attaquée par les insectes, et il suffit qu'une caisse de fourrures contienne quelques peaux de putois, pour être préservée de leurs ravages.

La nombreuse famille des écureuils, répandue dans presque toutes les contrées du globe, et dont les naturalistes comptent une quarantaine d'espèces, possède des fourrures dont les pelletiers tirent d'autant meilleur parti, que, quoique assez jolies, elles sont généralement peu chères. Il y a des écureuils de presque toutes les nuances : fauve vif, jaune clair, gris mêlé de noir, bleuâtre, gris pâle. C'est avec la peau de l'écureuil de nos pays qu'on fabrique les pinceaux.

Le chinchilla, qui fournit une fourrure très-élégante, mais peu solide et se fanant assez vite, habite l'Amérique méridionale ; il est surtout très-répandu dans le Pérou et les Andes. C'est un animal qui a beaucoup de rapport avec le lièvre, dont il diffère cependant par une queue allongée et en balai, et par des oreilles rondes. Le pelage du chinchilla est épais, soyeux et d'un gris plombé.

La mode, après avoir vivement adopté la fourrure du chinchilla, l'a tout à fait abandonnée depuis quelques années. Il n'est pas sans intérêt de remarquer en passant qu'un quadrupède aussi chaudement vêtu que le chinchilla habite le Pérou, où sa chasse est un amusement auquel les habitants du pays se livrent avec une véritable passion.

Le chat domestique, que les pelletiers appellent *chat-de-feu*, et les chats sauvages, leur fournissent une énorme quantité de fourrures, sur lesquelles s'exerce amplement le grand art du *lustrage*.

Je clorai cette énumération, qui malgré sa longueur offre encore plus d'une lacune, par quelques détails sur une fourrure bien précieuse pour les peuples du Nord, parce qu'elle est excellente et que son prix la met à la portée de tout le monde : je veux parler des peaux d'agneau.

Ce qui constitue la qualité de la peau d'agneau, c'est, d'après l'Encyclopédie du Commerçant, « la finesse du poil, le brillant, le frisé dans la couleur noire, son égalité, son intensité. »

Les peaux d'agneau les plus estimées dans le commerce sont les peaux d'Italie, dites de Turin, celles d'Espagne et du Béarn, celles de Russie, celles de Perse, enfin celles de la Crimée et de l'Ukraine. Dans tous les pays froids, dans le nord de l'Allemagne, en Suède, en Norwége, en Russie, etc., une espèce de camisole de peau d'agneau constitue le vêtement indispensable des habitants peu aisés. Hommes et femmes portent la laine en dedans, soit sur la peau, soit sur la chemise, selon la température.

C'est encore en peau d'agneau que, sous ces climats rigoureux, on double la majeure partie des bonnets, des vestes, des pelisses, des manteaux, des pantalons, quand la peau elle-même ne forme pas à elle seule la matière du vêtement.

Les peaux d'agneau des différentes provenances se distinguent par des caractères assez tranchés. Ainsi, les peaux d'Astrakhan sont d'un noir brillant et moiré, leur poil est lisse et ras; celles de la Perse, au contraire, ont une laine serrée, frisée et formant comme une multitude de *bouclettes* qui donnent à cette fourrure l'aspect de l'étoffe appelée *ratine;* leur couleur est souvent grise; celles de l'Ukraine ressemblent aux peaux perses pour la disposition de la laine, mais elles sont presque toujours noires.

CHAPELLERIE

C'est une curieuse histoire que celle des couvre-chefs. Furent-ils imaginés et adoptés dans les premiers âges du monde, ainsi que le prétendent les savants, plutôt comme arme défensive que comme vêtement? Le premier qui se fabriqua un chapeau eut-il pour but de garantir sa tête contre les coups, ou fut-ce pour la préserver des injures du temps? Les portait-on habituellement ou seulement quand on redoutait une attaque, ou quand on prévoyait un combat?

Il y aurait certainement là matière à des recherches, à des observations d'autant plus pleines d'intérêt, que beaucoup de législateurs se sont occupés de la coiffure, et y ont attaché une importance qu'il n'est pas facile de s'expliquer aujourd'hui. Toutefois une pareille excursion scientifique serait déplacée ici; car ce n'est pas de l'histoire des coiffures que je dois m'occuper, mais de la fabrication des chapeaux et des casquettes qui se portent aujourd'hui.

Commençons par les chapeaux de feutre.

I

LES CHAPEAUX DE FEUTRE

Les chapeaux de feutre, dont la matière première est un mélange de poils et de laine appliqué sur une carcasse assez consistante pour maintenir la forme choisie, n'ont paru dans le monde que vers le XIIe siècle. Ils furent d'abord la coiffure distinctive du clergé, et les laïques ne s'en servirent que sous le règne de Charles V. Les gens de la campagne les adoptèrent les premiers, et les citadins furent près de deux siècles sans songer à les imiter : un caprice de la mode rendit un beau matin leur usage à peu près général, et ce caprice n'est pas encore passé à l'heure qu'il est. Mais si la matière du couvre-chef est restée la même, sa forme a subi les variations les plus multiples, et quelquefois même les plus bizarres que l'on puisse imaginer. Toutes les figures de la géométrie ont été mises à contribution. Ainsi on a vu successivement des chapeaux ronds comme des melons, ovales, à pans coupés. On a vu leurs ailes s'allonger tantôt sur une face, tantôt sur une autre, se raccourcir, se relever en l'air comme un éventail, se pencher sur le visage, descendre sur le dos, puis disparaître tout à fait pour se remontrer ensuite plus vastes que jamais; on a vu des chapeaux en forme de pain de sucre, des chapeaux à une ou plusieurs cornes, des chapeaux aplatis comme un portefeuille et dont l'arête aiguë et tonturée, ainsi que les deux pointes, rappelaient la carène d'un vaisseau. Depuis un demi-siècle, la forme des chapeaux n'a pas sensiblement varié, et l'on semble s'être arrêté, sauf des modifications d'étendue, au *tuyau de poêle orné d'une gouttière* qui nous coiffe aujourd'hui. C'est laid, disgracieux, incommode au possible; tout le monde l'avoue, et cependant on s'y tient; il n'est pas sans intérêt de remarquer que c'est justement cette affreuse coiffure qui fait le tour du globe, et dans les cinq parties du monde, la moitié de l'Asie exceptée, elle est pour ainsi dire le symbole de la civilisation.

La matière première de la fabrication des chapeaux de feutre est, comme je l'ai déjà dit, la laine de mouton et les poils de certains animaux. Ceux du castor, du lièvre et du lapin ne sont pas les seuls, mais les plus généralement employés.

Voici dans leur ordre les diverses préparations qu'on fait subir à ces matières.

Le chapelier, celui qui confectionne les chapeaux et non celui qui les vend au consommateur, achète ordinairement la peau des animaux dont il utilise le poil.

Il commence par *dégaler* les peaux. Cette opération a pour but de les nettoyer. Elle s'exécute au moyen d'une carde (1) très-fine avec laquelle on peigne le poil. Quand il a été soigneusement peigné, on bat la peau à l'envers avec une baguette, pour faire tomber les ordures que la carde a détachées, mais qui sont restées entre les poils.

Au dégalage succède l'*éjarrage* ; l'éjarrage consiste à couper le jarre, c'est-à-dire le poil grossier qui recouvre le duvet ou le poil de dessous, le seul dont le chapelier fasse usage.

Puis vient le *sécrétage*. J'ai expliqué ailleurs la propriété qu'ont certains corps et surtout les brins de laine de s'entortiller ensemble, de se feutrer quand on les soumet au foulage. Le sécrétage, dont il est question ici, a pour objet de donner au poil du castor, du lapin et du lièvre, qui ne la possèdent qu'à un degré extrêmement faible, la propriété de se feutrer, propriété inhérente aux brins de laine. Sans le sécrétage, il serait impossible de fabriquer un chapeau avec des poils longs, droits et incapables de *se crisper*, puisque le feutrage n'est

(1) Une carde est une espèce de peigne ou plutôt de brosse à dents d'acier.

que la conséquence de la *crispation de filaments tortus*.

C'est au moyen d'une solution faible de nitrate de mercure qu'on rend les poils susceptibles de se feutrer. Cette solution se compose en faisant dissoudre huit parties de mercure, quatre parties d'arsenic blanc, trois parties de sublimé corrosif, et en étendant les ingrédients ci-dessus dans trois fois leur volume d'eau de pluie.

L'emploi de cette préparation n'est pas sans inconvénient pour les ouvriers, et il peut avoir une funeste influence sur leur santé. On essaie, sans y être encore parvenu, de remplacer cette sauce par un liquide aussi actif quant au but proposé, mais plus inoffensif pour les personnes qui s'en servent. Dès que les poils des peaux ont été imbibés de cette liqueur au moyen d'une brosse, on les applique deux par deux, poil contre poil, et on les place dans une étuve pour obtenir la dessiccation la plus prompte possible. Quand elles sont sèches, au moyen d'une éponge on les mouille de nouveau, mais cette fois du côté de la chair, avec une eau de chaux très-étendue; puis, comme la première fois, on les accole deux par deux par la face mouillée, on les empile en tas, on les laisse tranquilles pendant vingt-quatre heures, et le sécrétage est terminé.

Le sécrétage est une opération délicate ; car les agents chimiques employés attaquent le poil, et pour peu que leur action ne soit pas maintenue dans de justes bornes, les poils deviennent roides, cassants et impropres à tout travail.

Immédiatement après le sécrétage, on procède à la tonte des peaux. L'instrument le plus fréquemment employé à cette opération est une lame de couteau dont le tranchant est le plus vif possible.

A la tonte succède le triage des poils. Les plus estimés sont ceux du castor, puis viennent ceux du lièvre et du lapin. Le poil provenant du dos du lièvre et du lapin s'appelle, en terme de métier, poil d'arête. Selon que les peaux de lièvre et de lapin appartiennent à des animaux tués en hiver, au printemps ou en automne, ou bien en été, on les classe sous la désignation de peaux en recette, en demi-recette ou de rebut. Elles se vendent communément par paquets de cent quatre peaux.

Pour obtenir des chapeaux extra-fins, fins, demi-fins ou communs, le fabricant mélange tous ces poils ou seulement certains de ces poils, dans des proportions variables comme la qualité des chapeaux à faire. Ainsi, pour les chapeaux de castor, les plus beaux et les plus chers, il prend un quart de laine de vigogne (1) ou de cachemire, et trois quarts de poils de castor; pour les chapeaux fins, il met moitié castor et moitié dos de lièvre; dans les chapeaux mi-fins le castor disparaît, et est remplacé, ainsi que le cachemire, le premier par du lièvre, le second par des laines plus communes auxquelles il allie une moitié de poils de lapin. Enfin les chapeaux communs sont un mélange de poils de lapin et de laines ordinaires, qu'on dore plus tard avec du poil de lièvre. En chapellerie, on appelle *dorure* une légère couche de poils plus beaux que ceux employés pour la confection du chapeau, avec laquelle on l'entoure, pour lui donner une apparence brillante et malheureusement très-fugitive.

(1) La vigogne est un animal qui a quelque analogie avec le chameau : il habite les croupes les plus élevées des Cordilières, dans l'Amérique méridionale.

Après le pesage de la laine et des poils, ils reçoivent quelques coups de cardes pour commencer leur mélange, et ils passent entre les mains de l'arçonneur. Celui-ci, au moyen d'un arc fixé au plafond de l'atelier, dont la corde fortement tendue est disposée de manière à traverser les poils à *arçonner* placés sur une claie, les mêle intimement et en très-peu de temps. Voici comment agit la corde de cet arc : l'ouvrier lui imprimant un mouvement de vibration continu, et cette vibration s'exécutant au milieu des poils, elle bouleverse leur masse de fond en comble avec une rapidité excessive, facile à comprendre du reste, puisque les vibrations d'une corde tendue échappent à l'œil par la vitesse avec laquelle elles se répètent.

Quand le mélange des poils est complet, on les *vogue*, c'est-à-dire qu'on les laisse retomber sur la claie, après en avoir élevé une partie à une certaine hauteur au moyen d'un coup d'arçon donné d'une manière particulière.

Le voguage a pour but de former sur une claie une couche de poils, mince, d'une égalité parfaite et d'une étendue suffisante pour la confection d'un chapeau, que l'on commence à *bâtir* de la manière suivante :

On divise d'abord la couche de poils en deux lots, ou, pour employer le terme de l'art, en deux *capades*; puis on humecte la *feutrière*, forte toile écrue étendue sur un établi, et l'on y place la première *capade*, que l'on recouvre d'une feuille de papier mouillé; sur la feuille de papier on couche la seconde capade, et l'on ferme la feutrière en repliant, en rabattant sa moitié restée libre sur son autre moitié occupée par les deux capades superposées.

Quand les capades sont placées dans la feutrière, l'ouvrier plie et replie celle-ci en tous sens, en la maintenant très-humide par des arrosages : sous ces frottements réitérés les poils se lient ensemble, et leur feutrage commence. Dès que les deux capades ont assez de consistance pour pouvoir être maniées sans se rompre, et prendre la forme qu'on veut leur donner, on les retire de la feutrière. On réunit leurs bords et on fait une espèce de sac, que l'on replace dans la feutrière, en ayant soin de disposer des feuilles de papier mouillé de manière à empêcher l'adhérence des poils partout où elle serait nuisible ; puis on remanie la feutrière de manière à continuer le feutrage des poils, jusqu'à ce que l'on retire de la feutrière un bonnet déjà assez solide, assez consistant pour résister aux tractions du foulage proprement dit.

L'atelier de la foulerie est pourvu d'une chaudière entourée de huit bancs inclinés. Le bord inférieur de chacun de ces bancs s'appuie sur les rebords de la chaudière. Qu'on se figure un vaste entonnoir placé debout, dont la queue représente la chaudière, et dont la partie évasée représenterait parfaitement la disposition des bancs, si cette partie, au lieu d'être circulaire, était à pans coupés.

Les ouvriers placés autour de la chaudière ont donc chacun devant eux une surface plane et inclinée. C'est sur cette surface qu'ils foulent le chapeau sorti de la feutrière. Ils exécutent cette opération en trempant le chapeau dans l'eau de la chaudière, en le pressant sur leur banc pour l'égoutter, en le foulant en tous sens et de plus fort en plus fort à mesure que le feutrage avance, d'abord avec les mains nues, puis avec des *manicles*, espèce de semelles de cuirs dont il arme ses mains.

L'eau de la chaudière dans laquelle l'ouvrier plonge à chaque instant son chapeau, est une eau acidulée avec de l'acide sulfurique ou du tartre, qu'un fourneau maintient constamment à une température de quatre-vingts degrés. Il en résulte que cet ouvrier, pour pouvoir manier son chapeau, est obligé de l'asperger très-souvent d'eau froide; du moment où il emploie les manicles, il commence à brosser le chapeau, pour enlever le jarre resté parmi les poils et déterminer un commencement de lustre.

Le foulage dure de deux à quatre heures; plus les matières entrant dans la confection du feutre sont belles, plus l'opération se fait facilement et bien.

Le chapeau, étant foulé, conserve encore son aspect d'un bonnet de laine. Pour lui donner la forme d'un chapeau, d'un cylindre carrément tronqué, on le place sur un moule, dont on le force à prendre l'empreinte en le pressant avec les mains, et en ramenant toujours l'étoffe au centre de la circonférence.

Le résultat de cette manipulation est la transformation du bonnet en un cône carrément tronqué à la partie supérieure. Il s'agit alors de donner des bords au chapeau ; pour cela on attache le bas du chapeau au moule par une ficelle bien serrée ; puis l'ouvrier, saisissant le bord inférieur resté libre au-dessous de la ficelle, tiraille ce bord, conservé plus épais, jusqu'à ce qu'il l'ait suffisamment étendu. Alors on laisse sécher le chapeau, et, quand il est sec, on l'éjarre de nouveau, s'il est besoin ; puis on le polit successivement avec la pierre ponce et la peau de chien, pour l'unir et diriger tous les poils dans le même sens.

Le chapeau est foulé et dressé ; il s'agit de le teindre en noir. Pour cela on commence par le plonger dans de l'eau bouillante, pour le débarrasser du tartre qu'il a rapporté du foulage, puis dans un bain préparé avec mille parties d'eau, vingt-cinq parties de bois de campêche, deux parties de gomme et quatre parties de noix de galle, auxquelles on ajoute, après un mélange complet et une ébullition de deux heures, sept parties de vert-de-gris et douze parties de sulfate de fer. Les chapeaux restent une heure et demie à peu près dans ce premier bain ; puis on les retire et on les expose à l'air, afin que le fer qui entre dans la préparation du bain passe au maximum d'oxydation. On recommence ensuite la même opération, qui se répète en tout trois fois. Les chapeaux reçoivent donc à la teinture trois *chaudes* et trois *évents*, en termes du métier, et passent enfin entre les mains de l'apprêteur, après avoir préalablement bouilli pendant une heure environ dans de l'eau de source, afin d'y laisser le superflu de la matière colorante dont ils sont imprégnés.

L'apprêt consiste en un mélange de gomme arabique, de gomme du pays et de colle-forte. On en étend une couche sur le chapeau, et on fait pénétrer cette couche dans le feutre au moyen de la vapeur d'eau bouillante à laquelle on l'expose. Chaque fabricant a une recette particulière pour la composition de son apprêt. La propriété que possède la vapeur de repousser dans le feutre la liqueur dont on le mouille à l'extérieur, est assez singulière pour être remarquée.

L'apprêt terminé, le chapeau ne demande plus pour coiffer une tête que d'être *garni* par le marchand détaillant, qui, avec la brosse en crin, la brosse en fil de fer et le fer chaud, achève de lui donner tout son lustre.

Il existe en Angleterre un assez grand nombre de machines, les unes pour confectionner des chapeaux de feutre à la mécanique, les autres pour opérer plus rapidement et plus économiquement quelques parties de la fabrication. Il me semble superflu de décrire ces machines, d'ailleurs très-compliquées, et qui, en définitive, se sont peu répandues. Les meilleures sont la machine de M. Williams, qui carde le poil et lui donne la forme d'un chapeau; la machine de Carey, inventée pour dorer avec une couche de poil fin des chapeaux d'une qualité inférieure; celles de Bussam et de Hodge pour teindre les chapeaux; enfin celle de Ollerenshaw, pour leur donner le coup de fer.

Il paraît constant que les chapeliers anglais ont un procédé pour rendre leurs chapeaux imperméables très-supérieur à celui pratiqué en France, et sous ce rapport, comme sous celui de la solidité de la couleur, ils l'emportent malheureusement sur nous.

II

CHAPEAUX DE SOIE

Les chapeaux de soie, qui depuis trente ans font une si terrible concurrence aux chapeaux de feutre, se composent aujourd'hui d'une calotte ou plutôt d'un chapeau de toile recouvert d'une chemise de peluche de soie.

Il y a environ cent ans qu'on essaya en Italie, à Florence, je crois, de fabriquer des chapeaux de cette espèce; mais ils étaient lourds et se déformaient assez facilement.

Un des plus grands obstacles qui entravèrent dans le principe les premiers fabricants de chapeaux de soie en France, ce fut la difficulté de trouver une matière à la fois solide, légère et imperméable pour constituer la carcasse de ces chapeaux. On essaya successivement, mais sans succès, le carton, le crin, la paille, le bois, le cuir, un feutre grossier : enfin on en vint à une forte toile rendue imperméable par un enduit de caoutchouc, ou simplement une couche de peinture à l'huile, et dès ce moment les chapeaux de soie par leur éclat, leur légèreté, devinrent d'un usage tellement général, qu'ils parurent être appelés à détrôner les chapeaux de feutre : toutefois, depuis plusieurs années, leur progression semble s'être arrêtée. Les classes riches reviennent peu à peu aux chapeaux de feutre extra-fins, et les gens de la campagne aux feutres communs, plus solides et plus résistants que les chapeaux de soie.

Paris seul fabrique par an plus d'un million et demi de chapeaux de soie, depuis les plus beaux jusqu'aux plus grossiers, dont la carcasse est en carton et la robe en soie et coton. Cette industrie occupe également à Paris environ quatre mille cinq cents individus; dans ce nombre les femmes sont pour plus de la moitié.

III

CHAPEAUX DE PAILLE, DE PALMIER, DE JONC, DE BOIS, DE BALEINE ET DE CUIR

Les chapeaux de paille, qu'on appelle aussi chapeaux d'Italie parce que c'est la Toscane qui tient le premier rang dans cette fabrication, sont tressés avec la paille de l'espèce de blé que les agriculteurs nomment *épeautre*, et les botanistes *triticum spelta*.

Lorsqu'on cultive l'épeautre dans le but d'employer sa paille pour la confection des chapeaux, on le sème très-épais et on le coupe avant la maturité du grain.

Aussitôt la récolte faite, on l'étend sur le sol d'un pré ras ou mieux encore sur une grève, et on l'y laisse exposé aux alternatives de soleil, de pluie et de rosée, pendant vingt à vingt-cinq jours. Si le temps se maintenait trop sec, on remplace la pluie par des arrosements modérés. Ce mode de blanchiment naturel est le seul usité en Italie; la paille après cette simple préparation est bonne à être mise en œuvre.

On la réunit donc aussitôt en petites bottes dont chaque brin est trié à la main, afin que chaque botte qui contient la quantité de paille nécessaire à la confection d'un chapeau, soit composée de brins de même nuance et de même grosseur. On a essayé d'employer des mécaniques pour ce triage des brins; mais on a bientôt reconnu que pour les pailles destinées aux chapeaux fins et mi-fins le triage à la main donnait seul des résultats satisfaisants.

En Toscane, les enfants apprennent à tresser dès leur bas âge, et souvent ils ont dès l'âge de douze ans acquis une si grande habitude de ce travail, qu'ils font vite et bien sans la moindre attention, leurs doigts exécutant presque machinalement les mouvements nécessaires.

Ceci toutefois ne s'applique qu'aux chapeaux ordinaires et de valeur courante; car le tressage des chapeaux extra-fins exige une habileté, des soins et des précautions incroyables. Ainsi, pour confectionner les tresses de ces chapeaux, on attache un si grand prix à leur donner une nuance égale, que l'ouvrier n'emploie de chaque brin de paille que le bout dont la couleur soit exactement de la couleur voulue, en sorte qu'il ne prend dans les brins qu'une longueur de deux à quatre centimètres.

Ce ne sont pas les mêmes personnes qui font les tresses et qui rattachent ces tresses les unes aux autres pour former le chapeau. Les hommes et les femmes tressent; mais les femmes seules assemblent, et celles adonnées à cette industrie ne font que cela : elles opèrent au fil et à l'aiguille, juxtaposant les tresses et passant un fil entre les mailles enlacées des tresses correspondantes.

Le chapeau terminé est blanchi par une courte exposition à une vapeur soufrée. Il passe ensuite entre les mains d'une ouvrière qui remplace les pailles défectueuses ou tachées, reçoit un apprêt d'autant plus léger que le chapeau est plus fin, et pour coiffer une tête d'homme ou de femme il n'a plus besoin que d'être garni par le chapelier ou la marchande de modes.

Comme on le voit, le chapeau d'Italie, soit pour homme, soit pour femme, est tout d'une pièce, en ce sens que la calotte et la passe ne sont point fabriqués à part et rajustés par une couture subséquente ; c'est ce qui le distingue des chapeaux dits *en paille cousue*.

On s'explique le prix élevé des beaux chapeaux d'Italie en apprenant qu'il se fait en Toscane des chapeaux qui occupent une ouvrière pendant six mois et même un an, et que l'on trouve, même dans le pays, fort peu d'ouvrières assez habiles pour mener à bon port un chapeau extra-fin. On cite des chapeaux qui, vendus de huit cents francs à mille francs, ne laissaient, malgré leur prix excessif, qu'un bénéfice insignifiant à l'entrepreneur.

On a cherché à Paris à imiter les chapeaux d'Italie avec des tresses de soie. Ils revenaient moins cher à finesse (1) égale ; mais comme ils se fanaient très-vite, leur usage s'est peu répandu ; ils n'ont pas pris, en termes de commerce.

(1) La finesse des chapeaux d'Italie se calcule sur le nombre de tresses qui se trouvent dans un espace donné du chapeau. Celui où il faut la largeur de quatre tresses pour remplir un centimètre d'étoffe, est plus fin que celui où il n'en faut que trois.

Si les chapeaux de paille d'Italie tiennent le premier rang, ceux dits en paille suisse se placent immédiatement après. Ces chapeaux, fabriqués *absolument par le même procédé* que ceux d'Italie, viennent non pas de Suisse, comme leur nom l'indiquerait, mais du royaume lombard-vénitien. Ils sont donc aussi *italiens* que ceux qui ont conservé leur véritable nom.

C'est un négociant de Paris qui baptisa les chapeaux lombards du nom de chapeaux suisses, et voici pourquoi : les chapeaux lombards n'étant pas connus à Paris, il en fit venir une masse considérable, et pour dérouter ses concurrents il les vendit comme chapeaux suisses. Cette ruse lui réussit, car pendant plusieurs années il resta maître de l'article sur la place de Paris, pendant que ses confrères cherchaient de tous côtés en Suisse une fabrication absente.

Les chapeaux de paille suisse (ils ne sont connus que sous ce faux nom) n'approchent ni pour la beauté, ni pour la solidité, des chapeaux de paille d'Italie. Ils n'ont sur eux qu'un avantage, c'est d'être à la portée de plus de bourses.

On les distingue des chapeaux d'Italie par

un caractère saillant et constant : la couture des chapeaux d'Italie laisse à l'endroit du chapeau, partout où elle passe, une légère saillie appréciable à l'œil; dans les chapeaux suisses au contraire la couture est accusée, toujours à l'endroit, par une dépression qui fait bosse à l'envers. A part ces signes caractéristiques, il est toujours facile de reconnaître un chapeau suisse par l'inégalité des brins sous le double rapport de la grosseur et de la nuance.

Les chapeaux dits en paille de riz sont aussi un produit italien; seulement, au lieu d'être faits en paille de riz, ils sont en bois blanc. On emploie pour cette fabrication les jeunes pousses du tilleul et de quelques autres arbres que l'on coupe en minces filaments et dont on avive la blancheur par des procédés peu connus. Ces filaments se tressent comme ceux des chapeaux d'Italie; mais ils s'assemblent différemment, et se remmaillent avec les doigts sans le secours du fil et de l'aiguille. Une autre différence essentielle, c'est que l'ouvrière qui fait un chapeau de paille de riz ne lui donne nullement la forme d'un chapeau; elle compose simplement un disque rond et plat ayant de cinquante à soixante centimètres de diamètre. En sortant de ses mains, ce disque est mis à la presse entre deux plaques de marbre afin de l'égaliser, le polir et réduire son épaisseur.

C'est dans le duché de Modène exclusivement que la fabrication des chapeaux de paille de riz a pris une certaine importance. Il exporte environ quarante mille chapeaux année commune; Paris seul en reçoit plus de la moitié, et c'est à Paris que ces disques mous et ternes sont appropriés à la coiffure de la femme la plus élégante et la plus difficile. Une préparation spéciale les affermit et leur donne cette blancheur éblouissante qui constitue leur principal mérite : puis viennent les ciseaux de la modiste qui, dans ce disque rond et plat, doivent trouver toutes les pièces d'un chapeau selon la dernière mode.

Je ne dirai rien des chapeaux en paille cousue, dont les variétés sont infinies, depuis le chapeau que les paysannes de certains départements, et notamment de l'Aveyron et de l'Allier, se fabriquent elles-mêmes, jusqu'aux chapeaux plus coquets qu'un grand nombre d'ouvrières cousent à Paris, et qui changent tous les ans de forme et de nom ; ce serait empiéter sur le terrain des journaux de modes.

Les chapeaux de palmier nous arrivent du Brésil, où ils étaient portés depuis fort longtemps quand ils se montrèrent pour la première fois sur les marchés européens, vers 1837 ou 1838. Ils sont tressés avec les rubans découpés dans la feuille d'une espèce de palmier. La ténacité de ces feuilles est excessive en considérant leur peu d'épaisseur, puisqu'un homme parvient difficilement à briser un de leurs rubans larges de cinq millimètres, en le tirant sans secousse dans le sens de sa longueur. Ces chapeaux ne reçoivent en Europe d'autre préparation qu'un blanchiment au soufre, après lequel ils sont vendus aux chapeliers, qui les garnissent.

Les chapeaux de palmier sont légers et d'un excellent usage pour l'été ; leur prix est en outre tr modéré.

On fabrique dans les Indes orientales, principalement à Manille et dans diverses contrées de l'Amérique du Sud, surtout à Panama, des chapeaux tressés avec une espèce de jonc d'une finesse et d'une flexibilité étonnantes. Ces chapeaux, qui commencent à se montrer en France depuis deux à trois ans, sont dans les belles qualités de véritables merveilles. Ils possèdent la propriété remarquable de se plier comme un foulard, en sorte que le voyageur peut renfermer son chapeau dans sa malle, sans plus de façon que pour une chemise ; et quand il veut s'en coiffer il suffit de le secouer, et il reprend sa forme, ne conservant aucune trace de plis. Ce qui empêchera ces chapeaux de devenir d'une consommation un peu générale, c'est l'élévation de leur prix ; il y a des chapeaux de Manille et de Panama qui coûtent plusieurs centaines de francs ; ce sont les plus fins. Ceux de qualité moyenne se vendent une cinquantaine de francs ; il y en a au-dessous de ce prix ; mais ils sont cassants, et de nombreux défauts dans la tresse les rendent d'un mauvais usage.

Les chapeaux de bois proprement dits se fabriquent aujourd'hui en France dans un grand nombre de localités, et font concurrence aux chapeaux de paille commune. Les bois le plus fréquemment employés sont le tilleul, le peuplier et l'osier, qu'on fend en lanières plus ou moins étroites ; ces chapeaux, généralement lourds, se construisent à peu près comme des paniers, et par ce motif seraient du ressort de la vannerie plutôt que de la chapellerie. Enfin, on a essayé sans succès des chapeaux de baleine teinte en gris.

Tout le monde connaît les chapeaux cirés dont se servent les matelots, les cochers et généralement les ouvriers qui par la nature de leur profession sont constamment exposés à la pluie. Ces chapeaux sont faits avec des peaux qu'on transforme en une espèce de pâte susceptible de se mouler par une longue ébullition dans un mélange de cire et de substances résineuses. La matière de ces chapeaux est la même que celle dont les tabletiers se servent pour confectionner des bouteilles, des encriers, des tabatières, etc.

LA SOIE

CHAPITRE I

Production, nature et propriétés de la soie.

L'espèce de chenille désignée par les naturalistes sous le nom de *bombyx mori* (chenille du mûrier) se trouve pourvue, au moment où elle va se transformer en chrysalide, d'une matière d'une nature particulière dont elle se sert pour former le cocon, dans lequel elle s'enferme pour subir avec plus de sécurité sa dernière métamorphose. Cette matière, sécrétée par un organe spécial composé de deux vaisseaux formant un grand nombre de circonvolutions qui s'étendent des deux côtés du tube intestinal, est contenue dans deux réservoirs munis de conduits aboutissant à la tête de l'animal, d'où cette matière s'échappe par une filière cornée dont l'orifice est d'une ténuité extrême.

La matière en question, examinée à l'œil nu dans le corps même de la chenille, s'offre sous l'apparence d'une liqueur transparente et visqueuse, et présente à l'œil armé d'un microscope une masse fluide, gommeuse, élastique, ayant beaucoup d'analogie avec le caoutchouc, dans laquelle nagent une multitude de globules. Ces globules s'allongent et s'enchevêtrent en passant par la filière, ce qui explique la solidité remarquable des fils de soie, dont ces globules constituent les fibrilles.

Quand l'animal veut travailler à la confection de son cocon, par l'effet d'une série de contractions volontaires de sa part, la matière contenue dans les réservoirs s'avance le long de leurs conduits, qui se réunissent pour aboutir à la filière d'où la matière s'échappe, et par sa coagulation et sa solidification très-rapides constitue le fil de soie.

Mais ce fil de soie n'est pas simple. Il est composé des deux brins fournis chacun par le conduit de chaque réservoir, qui se sont soudés ensemble sans se mêler, quoique ayant passé par une seule et unique filière. Ces deux brins composant un fil peuvent facilement se séparer en opérant avec les précautions convenables.

Vu au microscope, un fil de soie naturelle (1) laisse apercevoir :

Les deux brins qui composent ce fil ;

La tunique renfermant la matière soyeuse de chacun de ces brins ;

La ligne de soudure de ces mêmes brins.

Voici comment deux observateurs habiles, MM. Jules Bourcier et Poortman, ont reconnu l'existence de la tunique servant d'enveloppe à la matière soyeuse proprement dite.

« Nous prîmes d'abord, disent-ils, une chenille qui commençait à s'enfermer dans son cocon : nous la plongeâmes dans l'alcool, où nous la laissâmes pendant quelques minutes. Lorsqu'elle fut presque sans mouvement, nous

(1) Soie naturelle, un fil de soie tel qu'il sort de la filière du ver.

la sortîmes de ce liquide pour la plonger de nouveau dans l'eau tiède : nous la débarrassâmes de la soie qui l'enveloppait, en ayant soin toutefois de conserver toujours mouillé le fil qui sortait de la filière. Nous mîmes ensuite notre chenille sur un verre humecté d'eau tiède. Notre verre ayant été ajusté sous les lentilles d'un microscope, nous prîmes la chenille avec l'index et le pouce de la main gauche, et nous parvînmes à extraire les brins de soie du corps de l'animal, en les tirant avec l'index et le pouce de la main droite. Ce procédé nous permit d'isoler les deux brins de soie : il est entendu qu'ils restèrent sur le verre, et furent constamment imprégnés d'eau tiède.

« Pendant cette opération l'un des deux brins céda à une traction trop brusque; cet accident nous offrit un spectacle bien inattendu : *il s'échappa, par la rupture que nous venions d'opérer, une quantité de matière de la plus belle eau, qui n'est autre chose que la matière soyeuse. Comme nous cherchions à arrêter le courant de cette matière en pressant vers son milieu, à l'aide d'une aiguille très-fine, l'espèce de conduit* (la tunique) *par lequel la matière s'échappait, notre aiguille occasionna un autre petit trou par lequel la matière soyeuse sortit de nouveau.*

« Une nouvelle expérience amena un fait analogue à celui que nous venons de décrire : nous prîmes dans le corps même d'une chenille fraîche tuée l'un des deux réservoirs et son conduit contenant la matière soyeuse. Nous mîmes cet organe imprégné d'eau tiède sous les lentilles du microscope ; le même phénomène se passa sous nos yeux, mais avec des caractères encore plus distincts : la matière soyeuse nous apparut cette fois sous forme de globules, par l'ouverture du conduit qui se dirige du réservoir à la filière. Ces globules, que l'on peut distinguer dans l'organe même lorsque la matière à l'état fluide est en mouvement, prirent, en sortant avec précipitation, une forme ovalaire; l'ovale se déforma sur le verre en s'étalant; il se mêla ensuite au reste de la matière déjà répandue, pour faire une masse ondulée d'une transparence parfaite. »

Les détails qui précèdent sont applicables aux diverses variétés de la chenille *bombyx mori*, la seule élevée en Europe pour la soie que l'on tire de son cocon, la seule qui ne se retrouve plus à l'état sauvage dans aucun pays.

Le bombyx mori doit donc être classé parmi les animaux amenés à l'état complet de domesticité.

Il est cependant d'autres bombyx dont les cocons sont utilisés dans certains pays, et il est digne de remarque qu'on n'ait pas cherché à les naturaliser en Europe ; ce qui, d'après quelques essais déjà tentés, présenterait peu de difficultés.

Ainsi le bombyx cinthia, que l'on élève dans l'Hindoustan et dans quelques provinces de la Chine, se nourrit de la feuille du palma-christi, le ricin, que l'on cultive en France pour sa graine, dont on fait une huile très-employée en médecine.

Le cynthia est une robuste chenille, atteignant dans son plus grand développement jusqu'à six centimètres de longueur.

Comme le bombyx mori, le cynthia subit quatre mues ; mais sa vie est plus courte que celle de notre ver à soie, puisqu'il ne s'écoule que de vingt à vingt-quatre jours entre la naissance du ver et le moment où il commence son cocon. « Quinze jours, dit M. Guérin de Méneville, suffisent à la chrysalide pour accomplir son développement. La ponte s'accomplit en trois jours, et les œufs éclosent cinq jours après, ce qui porte à quarante-sept jours environ la durée d'une génération. » On peut donc facilement entreprendre six éducations du cynthia par an; tandis que, jusqu'à ce jour, on a vainement tenté, à cause de la difficulté de conserver les œufs du ver à soie ordinaire, de faire avec profit deux éducations par an avec cette race.

« L'éducation de ce ver, ajoute M. Guérin de Méneville, de même que celle du bombyx mori, a lieu dans des endroits fermés : on le nourrit exclusivement des feuilles de palma-christi. Il mange aussi les feuilles du mûrier; mais il préfère les premières. Si les feuilles du palma-christi viennent à manquer, on peut le nourrir avec celles de divers arbres au nombre de sept, qui croissent spontanément et sont très-communs dans l'Hindoustan, et notamment dans le royaume d'Assam : cependant ils profitent mieux et produisent davantage quand on les nourrit entièrement avec du palma-christi. »

Le cocon est ovale, oblong, un peu acuminé aux deux bouts, long de cinq centimètres et demi, et large de vingt-trois millimètres. « Dans l'Assam, suivant M. Hugon, les tribus des montagnes qui viennent s'établir dans les plaines aiment beaucoup à manger les chrysalides. Pour obtenir la soie, on fait bouillir les cocons sur un feu doux et dans une dissolution de potasse, jusqu'à ce que la soie se détache avec facilité ; on les retire alors du feu, on en exprime l'eau doucement, puis on les prend un à un et on les dévide par une de leurs extrémités. On convertit cette soie en écheveaux à l'aide d'un instrument de bois, et elle est prête à être tissée ou teinte.

« Dans l'Assam, suivant M. Hugon, qui a publié, dans le Journal de la Société Asiatique du Bengale, un mémoire très-intéressant sur le cynthia, qu'il a observé sur les lieux, dans l'Assam, on tisse cette soie de la même manière que le coton. La plupart de ces tissus sont consommés dans la localité. Cependant une petite quantité est cédée par échange à quelques tribus des montagnes. L'étoffe qu'on fabrique avec cette soie, en apparence lâche et grossière, est d'une durée incroyable : la vie d'une seule personne suffit rarement pour user un vêtement de cette espèce. »

Le bombyx mylitta ou paphia, que les habitants du Bengale nomment tusseh, est aussi commun dans ce pays que les chenilles sauvages en France. On ne se donne pas la peine de l'élever, mais on se contente de recueillir ses cocons sur les arbres dont il dévore le feuillage. La chenille du mylitta a de dix à onze centimètres de long. Son corps est gros, renflé dans le milieu ; sa couleur, verte avec une bande longitudinale jaune vers la queue et prenant une teinte rougeâtre en s'avançant vers la tête ; ses stigmates sont très-apparents.

Le cocon de cette chenille offre une particularité très-curieuse dans la manière dont il est fixé. Gros comme un petit œuf de poule, ovale, d'une contexture très-serrée, il est muni d'une queue comme celle d'une poire ; et c'est par cette queue, dont l'extrémité la plus éloignée du cocon forme un anneau entourant une petite branche, que le mylitta le suspend.

Cette chenille vit sur le jujubier (*zizyphus jujuba*), et sur le *terminalia alata*, de la famille des badamiers. On sait que le jujubier prospère et est cultivé en grand dans plusieurs de nos départements méridionaux.

Malgré la voracité des corneilles et des chauves-souris, qui font *jour et nuit* une guerre cruelle au bombyx mylitta, on récolte dans le Bengale une masse de cocons assez considérable pour devenir la matière première d'une fabrication importante, puisque la majeure partie des vêtements de soie portés dans l'Inde anglaise proviennent de la soie du mylitta. Cette soie est à la vérité plus grossière que celle fournie par le bombyx mori; mais elle est plus solide, et l'on n'a pour ainsi dire que la peine de ramasser les cocons dont on la tire.

Outre ces deux bombyx, le cynthia et le mylitta, il y en a encore une douzaine d'espèces originaires les unes de l'Asie, les autres de l'Afrique et de l'Amérique, dont on utilise ou dont on pourrait utiliser les cocons. Il est impossible qu'on ne fasse pas un jour, pour la précieuse tribu des chenilles sétifères, ce qu'on a fait pour le *ver à soie*, et que l'industrie continue à passer insouciante devant de pareilles richesses si faoiles à conquérir : il n'y a, comme on dit, qu'à se baisser et à prendre.

Je reviens au ver à soie domestique. Je ne dirai rien de la manière dont on l'élève, ni des soins qu'on lui donne, ou du moins qu'on devrait lui donner. Ce serait sortir du cadre que je me suis tracé, puisque je me suis proposé de raconter comment on met la soie en œuvre, et non comment on l'obtient.

CHAPITRE II

Des diverses manutentions que subit la soie pour devenir propre au tissage des étoffes de tout genre.

I

DÉVIDAGE DES COCONS, OU FILATURE

Le cocon du ver à soie est, comme je l'ai déjà dit, le nid dans lequel ce ver se renferme pour se transformer d'abord en chrysalide et enfin en papillon; quand on ne le tue pas, pendant qu'il subit cette double métamorphose, lorsqu'elle est complète il se sert de la liqueur dont il est pourvu pour déglutiner les fils dont se compose l'étoffe de son cocon; il les écarte alors à l'aide de ses pattes et de sa tête, et sort de son nid.

Les cocons dont le ver est sorti sont indévidables par les procédés ordinaires de la filature ; non pas, comme beaucoup de personnes le pensent à tort, parce que les fils sont coupés, mais parce que le cocon ne se soutiendrait plus à la surface de l'eau dans laquelle on le placerait pour le dévider. L'eau pénétrant dans son intérieur, il ne coulerait pas à fond, mais il plongerait de toute son épaisseur, et dans cet état offrirait trop de résistance ; la ténacité de son fil serait insuffisante à lui faire faire les mouvements nécessaires à son dévidage.

Un exemple me fera mieux comprendre : jetez une pelotte de fil dans une cuvette pleine d'eau, et son dévidage nécessitera une force de traction beaucoup plus considérable que si cette pelotte pouvait rouler librement sur la surface unie d'un parquet.

Les cocons destinés au dévidage sont donc étouffés dès que le ver a cessé complétement son travail. Étouffer les cocons, c'est faire périr les chrysalides qu'ils renferment, en les exposant, soit à la chaleur sèche d'une étuve, soit à la chaleur humide d'un courant de vapeur.

L'étouffage des cocons est une opération délicate. En effet, si la chaleur employée est trop forte, la soie s'altère ; si elle n'est pas assez intense pour tuer la chrysalide, celle-ci ôte au cocon plus des trois quarts de sa valeur en le perçant pour le quitter.

L'étouffage des cocons peut donc être considéré comme la première opération de l'art de travailler la soie.

Il existe un grand nombre d'appareils pour étouffer les cocons d'une manière sûre et rapide, sans altérer leur soie. Ces appareils se composent en général : 1° d'un coffre dans lequel on place les cocons sur des claies ou tiroirs à fonds grillagés ; 2° d'un calorifère qui élève la température de l'intérieur du coffre au degré voulu pour tuer la chrysalide ; 3° de deux thermomètres placés à l'intérieur et visibles à l'extérieur, pour régler la chaleur au moyen d'un système de registres qu'on ouvre et ferme à volonté.

Le meilleur étouffoir sera toujours celui qui répondra le plus complétement aux conditions suivantes :

Économie de combustible ;

Facilité dans la manœuvre ;

Réglementation parfaite de la température ;

Et qui permettra en outre d'étouffer la plus grande quantité de cocons dans un temps donné.

Cette dernière condition est capitale ; car le filateur qui achète toujours, à ceux qui élèvent des vers à soie, les cocons renfermant des chrysalides vivantes, n'a très-souvent que quelques jours devant lui pour procéder à l'étouffage ; et s'il ne conduit pas cette opération avec la plus grande célérité, il court le risque de voir naître une masse de papillons qui lui causent une perte considérable.

Il ne faudrait pas conclure de ce qui précède qu'un cocon n'est dévidable que lorsque la chrysalide qu'il contient a été tuée. Les *cocons frais*, c'est-à-dire ceux qui renferment une chrysalide vivante, se dévident aussi bien et peut-être même mieux que ceux qui sont étouffés. Aussi dans toutes les filatures commence-t-on à les dévider aussitôt qu'ils y arrivent. L'étouffage n'a donc qu'un seul but, celui de prévenir la naissance des papillons, parce que le temps qui s'écoule entre l'achèvement du cocon et leur naissance est trop court pour qu'on puisse filer la centième partie des cocons obtenus dans les contrées où cette industrie est populaire et florissante.

Après l'étouffage on procède au triage des cocons. Par ce triage, on les classe d'après leur grosseur, leur forme, leur richesse en soie, leur tissu plus ou moins serré, leur couleur; car chaque cocon, suivant ses qualités et ses défauts, doit être traité par le filateur d'une manière particulière, s'il veut en tirer tout le parti possible. Or, un triage soigné permet seul de former des lots de cocons homogènes, destinés à être dévidés ensemble dans les conditions spéciales et voulues pour en obtenir le plus beau fil qu'ils soient susceptibles de donner.

Le but de la filature est de dévider le fil continu dont le ver a entouré, pour la solidifier, la pellicule feutrée qui constitue à proprement parler son nid.

Mais comme le fil de chaque cocon est trop fin et trop fragile pour être employé, en dévidant les cocons on réunit ensemble les fils de plusieurs cocons, et c'est cette réunion qui produit la soie grége, c'est-à-dire un fil composé des brins de plusieurs cocons dévidés.

simultanément. Ce fil est plus ou moins gros, selon qu'il a été obtenu par la réunion des brins de plus ou moins de cocons.

Les caractères que doit présenter un fil de soie grége sont ceux que l'on recherche dans tous les fils en général : la rondeur, l'homogénéité, l'élasticité, le nerf, l'absence de tout duvet, enfin un aspect brillant et métallique.

L'appareil destiné au dévidage des cocons, quel que soit l'arrangement de ses parties et le jeu de son mécanisme, se compose toujours :

1° D'une bassine en terre ou en métal, propre à recevoir de l'eau chaude et une certaine quantité de cocons ;

2° D'une filière par laquelle passent les brins des cocons, destinés à former un fil ;

3° D'un croiseur, disposé de manière à ce que le fil ne monte vers le dévidoir et ne s'enroule autour de lui, qu'après avoir subi une certaine torsion ;

4° D'un guide, qui dispose le fil sur le dévidoir ;

5° Enfin, d'un dévidoir ou asple, sur lequel se forme l'écheveau de fil nommé *flotte*.

Quelques détails sur ces pièces constituantes

de tous les tours à filer, depuis celui de Vaucanson jusqu'à celui de Locatelli (le plus moderne, je crois), suffiront pour donner une idée générale, mais exacte, et du tour lui-même et de la manière dont il agit.

La bassine, soit en terre, soit en métal, étant remplie aux trois quarts d'une eau chauffée à une très-haute température, l'ouvrière y jette une certaine quantité de cocons, les tient sous l'eau au moyen d'un petit balai de bruyère dont sa main est armée ; puis, quand ils sont suffisamment imbibés, elle les attaque à petits coups secs et répétés jusqu'à ce que le brin de chaque cocon se soit attaché aux aspérités du balai.

Alors elle purge les cocons : cette opération consiste à saisir tous ensemble les brins attachés au balai (qui ne sont pas de la soie pure, mais des frisons, c'est-à-dire de la soie grossière), et par des secousses répétées à dépouiller le cocon jusqu'à ce que la véritable soie commence à paraître. En un mot, purger les cocons, c'est mettre à nu la soie dévidable cachée sous une soie plus grossière qui ne mérite pas d'être dévidée, et dont le mélange avec la soie pure ôterait à celle-ci une grande partie de sa valeur.

Les cocons une fois purgés dans la bassine, l'ouvrière prend les brins d'un nombre de cocons déterminé, les réunit et les fait passer réunis par le trou de la filière, dans laquelle ils doivent constamment glisser en se rendant sur l'asple.

Mais comme ce simple passage par la filière et le frottement qui en résulte ne suffiraient pas pour les sécher, les arrondir et produire entre eux une adhérence parfaite, *l'ouvrière saisit le bout à sa sortie de la filière, le passe autour du croiseur* (si ce croiseur est une tavelle), *le ramène sur lui-même, le prend ainsi double entre ses doigts, lui imprime un mouvement de torsion et l'attache à l'asple.*

« Les effets de l'encroisure sont faciles à comprendre et à s'expliquer, dit M. Ferrier dans son excellent Manuel de la Fileuse. Par l'encroisure les brins réunis ensemble sont resserrés immédiatement par le frottement dans une filière naturelle, qui ne permet le passage d'aucun corps étranger. Cette filière fait continuellement jaillir en vapeur l'eau dont les brins sont imprégnés, et contribue puissamment à la dessiccation de la soie. »

Quand l'encroisure est faite et que le bout est attaché à l'asple, celui-ci étant mis en mouvement par une force motrice quelconque, il tourne avec une vitesse calculée, et en tournant comme un dévidoir ordinaire il enroule autour de lui le bout résultant de la réunion des brins des cocons qui se dévident.

Il me reste à dire un mot du guide qui distribue le bout sur le dévidoir. Ce guide, nommé *va-et-vient* parce qu'il est doué d'un mouvement alternatif continu, dispose le fil sur l'asple de façon à ce qu'il s'enroule dessus en se croisant diagonalement à chaque révolution de l'asple. Il en résulte que, les fils ne se superposant pas immédiatement, leurs couches successives ne s'attachent pas les unes aux autres, ce qui ne manquerait pas d'avoir lieu sans l'intervention du *va-et-vient*, parce que les fils arrivent sur l'asple légèrement enduits d'une matière gommeuse et collante qui n'a pas eu le temps, dans le court passage de la bassine à l'asple, de se durcir parfaitement.

Telles sont les parties constitutives du tour à filer. Comme on le voit, c'est un appareil d'une simplicité extrême, et dont on n'a besoin d'exiger aucun mouvement multiple ou compliqué pour atteindre le but de son emploi; et cependant cet appareil si simple exerce depuis près de deux siècles le génie et la patience des ingénieurs et des mécaniciens, et cependant les meilleurs tours laissent encore à désirer, celui-ci sous un rapport, celui-là sous un autre. Il en est du tour à filer comme de la charrue, dont la simplicité apparente cache une multitude de combinaisons relatives très-difficiles à harmoniser.

Je n'entreprendrai pas de décrire tous les tours inventés et modifiés dont les filateurs se sont successivement servis; je me bornerai à indiquer les améliorations incontestables introduites peu à peu dans l'art du *tirage* des cocons. Ces améliorations sont au nombre de trois :

1° Chauffage à la vapeur de l'eau des bassines;

2° Moteur commun pour une batterie de tours;

3° Croiseurs mécaniques.

Vers 1810, Gensoul eut le premier l'idée d'échauffer, par un jet de vapeur fourni par un générateur, l'eau contenue dans les bassines. Jusqu'à cette époque, chaque bassine était placée sur un fourneau dans lequel la fileuse entretenait le feu nécessaire pour maintenir l'eau de sa bassine à la température voulue.

Il en résultait de nombreux et graves inconvénients : d'abord, quelles que fussent les précautions de la fileuse, en tisonnant, en chargeant son fourneau, elle enfumait souvent l'atelier, dans lequel voltigeaient une poussière noire et ces espèces de pellicules de cendre qui s'échappent de tous les foyers. Plus le nombre des tours réunis dans la même salle était grand, plus cet inconvénient était sensible, parce qu'il y avait presque toujours une fileuse occupée à fourgonner. Cette fumée, ces atomes de poussière retombaient sur les asples, et s'attachaient à la soie, dont ils ternissaient l'éclat. Ensuite non-seulement chaque fileuse perdait un temps précieux, mais les distractions que lui occasionnait son fourneau étaient nuisibles à la régularité de son travail. Enfin, tantôt le feu de son fourneau était trop ardent, tantôt il ne l'était pas assez ; ce mode de chauffage était d'ailleurs fort dispendieux par la multiplicité des foyers, dont il fallait un par bassine.

Gensoul, frappé des nombreux inconvénients de ce système, plaça hors de l'atelier une vaste chaudière dans laquelle il produisit de la vapeur, qui, reçue dans un maître tuyau traversant l'atelier de sa filature, pénétra dans chaque bassine par autant de tuyaux d'embranchement qu'il y avait de tours à desservir. Chaque fileuse, ayant donc à sa portée le robinet de son tuyau d'embranchement, put, en l'ouvrant plus ou moins ou en le fermant tout à fait, élever ou maintenir l'eau de sa bassine à la température voulue. On sait que la vapeur de l'eau, en passant de l'état gazeux à l'état liquide, développe par l'effet de sa chaleur latente une quantité considérable de calorique.

Anciennement l'asple de chaque tour était mis en activité, soit par une pédale sur laquelle dansait une jeune fille, soit par une manivelle qu'elle tournait à la main. Dans les deux cas, le mouvement de l'asple était souvent irrégulier, tantôt trop vif, tantôt trop lent pour obtenir une soie irréprochable.

Aujourd'hui, dans la plupart des filatures, un seul moteur donne l'impulsion soit à une rangée de tours, soit à tous les tours de l'établissement. Il en résulte une économie notable, et, de plus, la possibilité de régler d'une manière normale la rapidité des révolutions des asples.

Il existe plusieurs croiseurs mécaniques, qui permettent aux filateurs de remplacer l'encroisure à la main, toujours irrégulière et livrée à la discrétion de la fileuse, par une encroisure mécanique, indépendante de sa volonté, et qu'elle ne peut par conséquent rendre ni plus forte ni plus faible, dès que le filateur ou le contre-maître a réglé l'instrument. Le croiseur le plus généralement employé est celui de MM. Bourcier et Morel, de Lyon.

La soie résultant du dévidage pur et simple des cocons prend le nom générique de soie grége. On divise les soies gréges en soies fermes et en soies fines. Celles dont le bout a été formé par la réunion de moins de douze cocons constituent les soies fines, qui varient de finesse, puisqu'on en fait depuis trois jusqu'à dix cocons en passant par toutes les combinaisons intermédiaires.

Les soies fermes s'obtiennent par la réunion de douze cocons et au-dessus, jusqu'à vingt, chiffre qui est rarement dépassé.

La soie grége n'a pas d'emploi direct dans la fabrication, elle doit être préalablement moulinée.

II

MOULINAGE

Le moulinage de la soie grége comprend quatre opérations distinctes et successives, dont chacune exige des appareils spéciaux.

La première opération est le dévidage des écheveaux obtenus sur les asples des tours à filer.

Le but de ce dévidage est de renouer les fils rompus et d'enlever les bouts défectueux qui se trouvent toujours dans les soies les mieux filées, puisqu'un déchet de deux pour cent est considéré comme celui que donnent les soies de première qualité. La soie, en sortant du dévidage, se trouve enroulée sur des bobines.

La seconde opération du moulinage consiste à donner un tors au fil contenu sur chaque bobine.

Le fil ainsi tordu sans doublage antérieur prend le nom de *poil*. Il trouve dans cet état son emploi dans la rubannerie et la passementerie. C'est encore avec lui qu'on compose la trame du barége; il entre aussi dans la fabrication des gazes et des blondes.

La troisième opération du moulinage est la réunion de deux poils tordus ensemble de manière à former un *fil en deux*. Ce fil, ainsi préparé, s'appelle *trame;* comme son nom l'indique, il constitue la trame de la plupart des étoffes. On trouve dans le commerce des trames composées par la réunion de trois poils. Généralement la trame ne reçoit qu'un tors très-léger.

La quatrième opération du moulinage consiste dans la réunion par torsion d'un certain nombre de fils ayant subi les trois opérations précédentes. Le fil ainsi obtenu s'appelle *organsin*. C'est avec l'organsin que l'on fait la chaîne de presque toutes les étoffes de soie.

Le moulinage, comme on le voit, est la transformation de la soie grége en fils de différentes qualités. Comme ces qualités de fils varient à l'infini, suivant la beauté de la matière première, suivant le tors qui leur a été donné, suivant le nombre de bouts dont ils sont composés, il existe dans le commerce des soies une multitude de noms désignant spécialement ces diverses qualités. Parmi ces noms, je choisirai les plus fréquemment employés.

L'*ovale* est un fil de deux à six bouts très-légèrement tordus. Cette soie sert principalement à la fabrication des lacets et à la couture des gants.

La *soie plate*, destinée à la broderie, à la tapisserie, est la réunion sans torsion de vingt à trente brins de soie grége.

La *grenadine* est obtenue au moyen de deux bouts de soie grége fortement serrés et tordus. La grenadine sert à faire des effilés, de la dentelle et des blondes noires.

Je n'ai parlé jusqu'ici que des fils de soie provenant du dévidage des cocons; mais il existe encore des fils obtenus soit avec des cocons doubles (1), dont les deux brins sont tellement enchevêtrés que ces cocons sont indévidables par le procédé ordinaire, soit avec les frisons, c'est-à-dire avec la soie grossière qui sert d'enveloppe extérieure au cocon, soit enfin avec les déchets de toute sorte que donne la filature, le moulinage, etc.

Ces fils, connus sous le nom de chique, de fantaisie, de fleuret, de bourre de soie, et qui, la plupart du temps, n'ont été filés qu'après un cardage (2) préalable analogue à celui qu'on fait subir au coton et à la laine, s'emploient à divers usages : on en fait des bas, des gants; ils

(1) On appelle *cocons doubles* les cocons formés par deux vers travaillant ensemble et simultanément à la confection d'un même cocon, dans lequel ils se renferment tous deux. En ouvrant un cocon double, on y trouve soit deux chrysalides, soit deux papillons plus ou moins formés.

(2) Ce qui caractérise le fil de soie, c'est d'être le résultat du dévidage d'un fil naturel et continu, tandis que les fils de laine, de chanvre, de coton, sont le résultat de l'assemblage et du tordage de filaments discontinus. Cela explique la ténacité des fils de soie, ténacité très-supérieure à celle de tous les fils connus.

entrent dans la fabrication de quelques étoffes, et notamment dans celle des châles. Leur apparence plucheuse permet toujours de les distinguer facilement des fils provenant de cocons filés régulièrement.

III

CONDITIONNEMENT DES SOIES

C'est ici la place de dire quelques mots du conditionnement des soies.

Une des propriétés les plus caractéristiques de la soie, c'est celle d'absorber rapidement l'humidité de l'atmosphère dans laquelle elle se trouve placée. Cette facilité d'absorption est si grande, que la soie peut, sans en être altérée, se charger d'une masse d'eau égale au tiers de son poids.

Or, il est facile de comprendre que les transactions ayant pour objet la vente d'une marchandise d'un prix aussi élevée que la soie, et possédant une puissance hygrométrique aussi intense, seraient très-difficiles entre honnêtes gens, et ouvriraient à la fraude une large carrière, puisqu'un ballot de soie pesant cent kilogrammes pourrait, à la rigueur, contenir trente kilogrammes d'eau, et seulement soixante-dix kilogrammes de soie.

La nécessité de mettre l'acheteur et le vendeur en état de savoir, l'un ce qu'il vend, et l'autre ce qu'il achète, et de couper court à des contestations sans cesse renaissantes et très-difficiles à juger équitablement, a donné naissance à des établissements publics pour le pesage des soies, dont le premier fut, je crois, celui créé à Turin en 1749 ou 1750.

L'établissement de Turin était un séchoir dans lequel on s'efforçait de ramener les soies à un état de siccité parfaite. On constatait le poids d'un ballot à sa sortie du séchoir, et ce poids devenait son poids marchand. « Ce mode d'opérer, dit M. Alcan dans son *Traité des matières textiles*, ne pouvait remédier à une foule d'inconvénients et d'irrégularités qui se présentaient avec les variations atmosphériques et le plus ou moins d'encombrement des salles de l'établissement. Lorsque le vent soufflait et que le temps était sec, la dessiccation était considérable, et les épreuves avaient besoin d'être renouvelées; par les temps humides, les effets contraires avaient lieu. Dans le premier cas, le vendeur se plaignait; dans le second cas, c'était l'acheteur qui était lésé. L'exposition relative des ballots dans la salle avait également une influence sur les variations que présentaient les poids de la soie. Comme il était impossible d'avoir une température uniforme et constante dans tous les points de la salle à cause des portes et des fenêtres, et que l'état hygrométrique y variait également avec la plus ou moins grande quantité de soies et l'état dans lequel elles se trouvaient, etc., il en résultait souvent que les soies provenantes des mêmes sources, travaillées de la même manière, présentant les mêmes qualités et *conditionnées* simultanément, offraient entre elles des variations considérables. Cela dépendait uniquement de leur disposition dans la salle, de leur voisinage des portes ou même d'autres ballots très-humides. »

Ce mode de conditionnement était donc vicieux, et l'établissement créé pour donner une base fixe aux transactions, tout en constituant un progrès incontestable, n'atteignait que très-imparfaitement son but.

Toutefois, les villes de Lyon et de Saint-Étienne, les deux plus grands centres du commerce des soies en France, ne tardèrent pas à fonder des établissements publics à l'instar de celui de Turin, qui, malgré ses imperfections, valait beaucoup mieux que rien.

Ce ne fut qu'en 1831 que M. Léon Talabot, chargé par la chambre du commerce de Lyon de la recherche d'un meilleur procédé de conditionnement, résolut de la manière la plus heureuse le problème qui lui avait été posé.

Voici le procédé de M. Léon Talabot, le seul dont on fasse usage en France aujourd'hui, et qui assure complétement la solution cherchée, celle de donner toute garantie aux acheteurs et aux vendeurs, quant au poids réel de la soie mise en vente.

Lorsqu'un ballot de soie est présenté au conditionnement, les employés de l'établissement commencent par le débarrasser de son enveloppe, afin de constater le poids net de la soie. Quand note a été prise de ce poids net, on tire, de la masse totale de la soie formant le ballot, une trentaine d'écheveaux, en ayant soin de les choisir dans toutes les parties du ballot, afin que ces écheveaux représentent bien l'état hygrométrique de l'ensemble dont ils ont été extraits.

Ces écheveaux sont ensuite divisés en trois lots de dix écheveaux chacun, que l'on pèse dans les balances de précision. Un des lots est mis en réserve pour contrôler l'opération en cas de besoin; les deux autres servent à l'essai.

Pour procéder à l'essai, on suspend ces deux lots dans un vase clos, autour duquel circule à volonté un courant de vapeur. Comme il a été constaté que la soie ne contient plus aucune humidité dès que la température intérieure du vase en question s'est élevée à cent huit degrés, on arrête alors le courant de vapeur, et l'on retire les échantillons aussitôt que le bras de la balance auquel ils sont suspendus dans le vase n'indique plus aucune variation dans leur poids en restant stationnaire; ce poids, on le note encore, et l'on se trouve avoir alors les trois termes d'une proportion dont l'*inconnu* donne la solution du problème cherché.

Un exemple va le prouver :

Un ballot est apporté à la condition ; il pèse net 50 kilog. Les échantillons pris à différents endroits du ballot pèsent 500 grammes. Après leur dessiccation dans l'appareil, ces échantillons ne pèsent plus que 400 grammes. En opérant la proportion suivante :

$$500 : 400 :: 50 : x$$

on trouvera 40 kilog., qui est le poids *réel* de la soie contenue dans le ballot.

Ce mode de conditionnement est inattaquable sous tous les rapports. En effet :

1° La température de cent huit degrés, à laquelle la soie est soumise, n'a sur elle aucune influence fâcheuse.

2° Le mode de conditionnement ne laisse prise à aucune erreur, et l'acheteur et le vendeur savent exactement le poids de la soie qui constitue le marché.

3° L'état de l'atmosphère, la saison, n'ont aucune influence sur l'opération.

4° Enfin elle est terminée avec promptitude, et tout ballot présenté et pesé à l'établissement peut être vendu et enlevé par l'acheteur sans aucun inconvénient, même avant que le conditionnement soit *opéré*, ou que son résultat soit connu.

Si tous les grands marchés de soie possédaient une *condition* établie d'après le système Talabot, toutes les transactious ayant pour objet cette précieuse denrée se trouveraient singulièrement facilitées; car les fabricants n'opèreraient plus au hasard, comme ils le font souvent quand ils traitent à l'étranger, ne sachant jamais au juste combien d'eau ils paient au prix de la soie.

IV

DÉCREUSAGE ET TEINTURE DE LA SOIE

La soie brute, blanche ou jaune, est enduite d'une espèce de vernis qui lui donne une roideur élastique. Cette roideur et le vernis qui l'occasionne rendraient la soie impropre au tissage de la plupart des étoffes, et l'empêcheraient en outre de prendre convenablement la teinture.

Le *décreusage* a pour but de dissoudre le vernis et d'en débarrasser la soie.

Le décreusage se compose de trois opérations distinctes.

La première consiste à faire tremper la soie dans une dissolution de trente parties de savon et de cent parties d'eau de source, en ayant grand soin que ce bain, pendant tout le temps que la soie y séjourne, reste au-dessous de la température de cent degrés, ne bouille pas, en un mot; car non-seulement la soie perdrait son lustre et son éclat par une courte immersion dans ce liquide bouillant, mais elle s'y dissoudrait elle-même en partie par un séjour prolongé.

La seconde opération, connue sous le nom de *cuite*, est pour ainsi dire le complément de l'opération précédente. Après avoir retiré la soie du bain précédent, on la met par masses de dix à quinze kilogrammes dans des sacs de gros canevas, et on plonge ces *poches* dans un nouveau bain d'eau de savon, mais beaucoup plus faible que le premier, puisqu'il n'y entre que quinze parties de savon sur cent parties d'eau. Ce bain ainsi composé peut sans inconvénient pour la soie être poussé jusqu'à l'ébullition, qu'on soutient pendant une heure environ, en ramenant fréquemment en dessus les sacs du fond de la chaudière, afin que ceux-ci ne restent pas exposés à une chaleur plus intense que ceux placés les derniers.

La soie, en sortant de la cuite, a perdu sa roideur et son élasticité. Elle est douce au toucher, souple et liante. Ce qui prouve la quantité considérable de matière résineuse dont elle était chargée, c'est que les deux opérations précitées réduisent son poids de vingt à trente pour cent, terme moyen.

La troisième et dernière opération du décreusage consiste à donner aux soies qui doivent rester blanches, ou être teintes en couleurs tendres, un reflet excessivement léger. La nuance de ce reflet constitue trois sortes de blanc : le blanc de chine à reflet rougeâtre, le blanc azuré, et le blanc vert ou blanc de fil. Quelle que soit la nuance adoptée, elle a si peu d'intensité qu'elle ne devient sensible que lorsqu'on regarde l'étoffe au grand jour sous un angle très-aigu.

Ces nuances sont données à la soie de la manière suivante :

Dans une eau de savon (1) qu'on fait fortement mousser en l'agitant, on ajoute une quantité très-minime soit de rocou si l'on veut un reflet rouge, soit d'indigo, si l'on veut un reflet azuré, et l'on y trempe la soie à autant de reprises différentes que cela est nécessaire pour obtenir la nuance désirée. C'est, comme on le voit, un procédé qui a beaucoup d'analogie avec celui de la blanchisseuse mettant son linge au bleu.

Dès que les soies sont à la nuance, on les sèche en les étendant à l'air sur des perches : si elles sont destinées à rester blanches, on les porte au soufroir, où elles sont exposées aux vapeurs du soufre; l'acide sulfureux possédant à un haut degré la propriété de détruire toutes les matières colorantes.

Le décreusage que je viens de décrire est le décreusage ordinaire. Les soies qui doivent servir à la fabrication des blondes et des gazes ayant besoin de conserver une certaine roideur, on ne peut les dépouiller de toute leur gomme (mot impropre, mais consacré : c'est vernis que

(1) A Lyon, on ne se sert pas d'eau de savon, mais d'eau pure.

l'on devrait dire), puisque c'est cette gomme seule qui leur donne leur roideur. On ne les soumet donc point au décreusage ordinaire, mais on se contente de les laisser tremper dans l'eau claire, de les rincer, de les azurer et de les soufrer.

On a essayé de remplacer le savon employé dans les diverses opérations du décreusage par du carbonate de soude. Le carbonate de soude agit plus énergiquement et par conséquent plus vite que le savon, mais ne produit pas un blanc aussi éclatant. D'autres industriels ont essayé de la vapeur, et un brevet a même été pris pour un procédé de ce genre : les résultats ne paraissent pas répondre à ce que l'inventeur espérait.

Du reste, il semblerait qu'au lieu de chercher à opérer le décreusage par des agents plus actifs que le savon, il serait beaucoup mieux de s'en tenir à des substances encore moins énergiques que ce dernier. Les Chinois, en effet, qui produisent les plus belles soies blanches connues, n'emploient qu'un bain composé d'eau, de farine de blé, de fèves bouillies d'une certaine espèce, et d'une très-petite quantité de sel marin.

L'art de teindre la soie et de la faire resplendir des plus brillantes couleurs semble aujourd'hui parvenu aux dernières limites, et sous ce rapport les teinturiers de Lyon ont distancé tous leurs rivaux : nulle part on n'obtient des noirs plus profonds et plus purs, des écarlates plus vifs (par l'emploi du nitro-chlorate d'argent substitué au kermès), des roses plus doux et plus délicats, des violets plus riches, des bleus plus chatoyants, et une telle multitude de combinaisons lumineuses, que leur variété seule égale leur magnificence.

Mais, malgré le désir que j'aurais de décrire les procédés au moyen desquels les teinturiers transportent sur la soie les couleurs extraites d'une foule de matières tinctoriales, la chimie joue un rôle si prépondérant, et les substances employées soit comme mordants, soit comme réactifs, sont si peu connues, que je ne pourrais tenter le moindre détail sans entrer dans des explications scientifiques déplacées ailleurs que dans un manuel, un traité spécial de la chimie appliquée aux arts.

CHAPITRE III

De la fabrication des étoffes de soie. — Notice historique sur l'industrie sérigène.

I

DE LA FABRICATION DES ÉTOFFES DE SOIE

Les étoffes de soie peuvent se diviser en deux grandes classes, les étoffes unies et les étoffes façonnées.

Les étoffes unies sont les plus simples de toutes les étoffes. Les calicots de coton, les toiles de lin ou de chanvre, le drap ordinaire en laine, les taffetas en soie, sont tissés de la même manière. Si l'on examine attentivement ces tissus à la loupe, si on les défile avec précaution, on remarquera la même disposition des fils et un enchevêtrement identique.

Le nom générique donné en fabrique aux étoffes de soie unies, aux *unis*, est *armures* (1).

Il y a quatre espèces d'armures :

L'armure à fond de toile ou taffetas.—Le taffetas est, comme je le disais quelques lignes plus haut, une toile de soie. Le taffetas n'a point d'envers, puisque chaque passage de la navette couvre et découvre alternativement et régulièrement la moitié des fils de la chaîne.

L'armure batavia ou croisée.—L'armure batavia diffère de l'armure taffetas en ce que les fils de la chaîne, au lieu d'être successivement couverts et découverts par les fils de la trame à chaque passage de la navette, ce qui constitue une croisure alternativement uniforme, ne le sont plus, en ce sens que les fils de la trame, disposés par séries, ne se meuvent plus alternativement par portions égales : chacune de ces séries agit au contraire deux fois de suite.

(1) Ce nom vient de ce que l'ouvrier qui fabrique ces étoffes appelle *armer* son métier, disposer les fils de la chaîne et de la trame de manière à obtenir l'effet voulu.

Il en résulte que la croisure des fils de la chaîne et de la trame, au lieu d'être rectiligne, affecte une direction diagonale. « C'est la succession de ces diagonales qui produit dans les tissus croisés les sillons parallèles qui les caractérisent; ceux-ci peuvent être plus ou moins sensibles ou diversifiés suivant que la grosseur des fils varie, ou que les enlacements s'exécutent en les reculant d'un ou plusieurs fils à chaque mouvement (1). »

L'armure sergée, obtenue par des *mouvements* de même nature, mais autrement combinés que les *croisés*, se distingue de ceux-ci par des sillons plus serrés et plus fins, parce que les liaisons, au lieu d'être de série à série, sont de fils à fils. Il en résulte naturellement que les armures sergées offrent une solidité extrême.

L'armure satin. — Le caractère distinctif des armures satin, c'est que ce sont les fils de la trame qui sont le plus en évidence. De là vient le brillant du satin, parce que les fils de

(1) *Encyclopédie technologique.*

la trame, moins tordus que ceux de la chaîne, réfléchissent avec une intensité plus grande les rayons lumineux qui les frappent. Plus la trame se montre dans ce tissu, plus son éclat est vif. On se sert pour le satin des plus belles soies moulinées en France.

Dans la classe des armures se rangent encore les velours, et les peluches noires qui servent à la confection des chapeaux de soie, ainsi que toutes ces étoffes, telles que lévantines, florences, foulards, qui diffèrent plutôt par l'apparence que par leur contexture.

Les tissus de velours et de peluche sont composés de deux chaînes superposées et s'enlaçant l'une dans l'autre. La chaîne inférieure forme le fond du tissu; la chaîne supérieure forme les poils de l'étoffe. En sortant du métier les tissus de ce genre ne sont pas velus, mais couverts de bouclettes. Ces bouclettes se coupent pour les velours pleins, c'est-à-dire velus, et pour les peluches, mais on les conserve dans les velours ras. En France, le coupage des bouclettes se fait encore à la main; mais les Anglais l'exécutent à la mécanique avec autant de perfection que d'économie.

Outre les velours pleins et ras dont il vient d'être question, on fabrique des velours cannelés qui se composent de deux raies plus ou moins larges et juxtaposées, l'une en velours ras et l'autre en velours plein; des velours à ramages, dont les fleurs, les arabesques en velours plein se dessinent sur un fond ras ou *vice versa;* des velours ciselés : dans ceux-ci, les ornements en velours plein de dessinent en relief sur un fond de satin, et quelquefois sur un fond d'or ou d'argent.

A l'exception du velours plein et du velours ras qui rentrent dans la catégorie des armures, les autres appartiennent à la classe des étoffes façonnées dont nous parlerons plus tard; nous les avons placés ici pour ne pas scinder les détails relatifs au velours.

Aucune manufacture française ou étrangère ne surpasse Lyon dans la fabrication des velours. Si quelques villes rivalisent avec Lyon pour une ou deux variétés de cette magnifique étoffe, aucune ne surpasse, dans aucun genre, Lyon, qui les fait tous et qui s'est réservé le monopole de quelques-uns, notamment les velours à cantres, qui s'y fabriquent exclusivement.

Étoffes de soie façonnées. — Les étoffes de soie façonnées, qui se tissent presque toutes aujourd'hui avec le métier à la *Jacquart*, étaient connues depuis des siècles; mais leur fabrication offrait tant de lenteurs, de difficultés, exigeait une main-d'œuvre si dispendieuse, si compliquée, si meurtrière enfin (1), que leur usage se trouvait excessivement restreint. Grâce à la découverte d'un homme de génie, de l'immortel Jacquart, le tissage des étoffes façonnées s'obtient aujourd'hui avec la plus grande facilité, et en 1844 on a vu la belle tête de Jacquart reproduite sur un tissu de soie avec la pureté du burin, par le métier de son invention.

La reproduction de dessins sur une étoffe par la disposition des fils qui forment le tissu, s'exécute par le métier à la Jacquart de la manière suivante :

Quand le *dessinateur pour étoffes* a esquissé sur du papier ordinaire les ornements quelconques destinés à être reproduits dans un tissu,

(1) Avant l'invention de Jacquart, la fabrication des façonnés n'avait lieu que sur des métiers qu'on ne faisait fonctionner qu'en y travaillant des pieds, des mains, du ventre et de l'estomac. (BLANQUI.)

on procède à la mise en carte du dessin fourni par l'artiste, qui, en composant ce dessin, n'a pas dû perdre de vue les moyens qui seront employés pour réaliser son œuvre.

La *mise en carte* a pour objet de retracer le dessin sur un papier quadrillé, c'est-à-dire rayé d'une multitude de lignes horizontales et verticales régulièrement espacées entre elles et se coupant toutes à angle droit, qui représentent, les unes la chaîne et les autres la trame de l'étoffe à laquelle le dessin est destiné.

Le but de la mise en carte « est de désigner d'une manière exacte et détaillée les points où les fils de la chaîne et de la trame doivent être vus ou cachés; ou, en d'autres termes, d'indiquer tous les contours que ces fils doivent déterminer dans leur enlacement (1). »

Mais ce n'est pas tout de pouvoir *lire* tous les points où la chaîne doit cacher la trame, où la trame doit cacher la chaîne; où, par conséquent, certains des fils de la chaîne doivent rester baissés et immobiles pour se laisser re-

(1) *Encyclopédie technologique.*

couvrir par la duite (1) en cet endroit, tandis qu'ailleurs ils doivent être soulevés pour laisser passer la duite au-dessous d'eux : il faut dans la fabrication de l'étoffe imprimer à chacun de ces fils le mouvement voulu pour la reproduction du dessin. Or, ce sont justement ces mouvements, rendus par la multitude des fils d'une complication effroyable, qu'on obtient, sans aucune difficulté, sans aucune chance d'erreur avec le métier à la Jacquart, puisqu'une fois le dessin monté sur son métier, l'ouvrier n'a plus qu'à tisser, tous les fils de la chaîne et de la trame se couvrant ou se découvrant sans qu'il ait besoin de s'en occuper. Comment cela a-t-il lieu ? M. Alcan va nous l'indiquer.

« Voici, dit-il, le principe qui constitue l'élément principal de l'invention de Jacquart. Il consiste dans une bande de carton sur laquelle sont marquées toutes les places des aiguilles qui portent les fils de la chaîne ; cette bande est percée de petits trous en tous points où ils (ces fils) doivent rester immobiles, tandis

(1) Une seule course de trame égale à la largeur de la chaîne est désignée sous le nom de *duite*.

qu'on laisse le carton intact où il s'agit soit de les soulever, soit de les abaisser pour laisser voir ceux (les fils) de la trame. On perce ainsi, pour chaque duite, autant de bandes de carton qu'il y a de couleurs dans cette duite. L'ensemble des cartons d'une duite est nommée *passée*. Si maintenant on présente une bande de carton ainsi préparée au-dessus des aiguilles de la chaîne, il s'ensuivra que celles correspondantes aux petits trous les traverseront et resteront dans leur position, tandis que celles qui rencontreront les parties pleines seront repoussées, et feront par conséquent dévier les fils qu'elles portent. La course de la trame, ne variant pas de sa position rectiligne horizontale, les recouvrira nécessairement, et l'on obtiendra de cette façon une ligne du dessin, celle tracée sur le papier quadrillé. Si donc on a autant de bandes de carton semblables qu'il y a de rangées de petits carrés et de couleurs dans le dessin, et qu'on les présente successivement aux aiguilles dans l'ordre indiqué par la mise en carte, on exécutera tout le dessin de la même manière. Chaque carton est, pour ainsi dire, la matrice pour former la partie du dessin comprise dans la largeur d'une duite. »

On appelle *lisage* l'opération par laquelle on perce les cartons. Lorsque le dessin est lu, on monte le métier qui doit exécuter le tissu.

Monter un métier, c'est établir la communication de tous les fils de la chaîne avec les aiguilles qui doivent les faire mouvoir, aiguilles dont il a été question plus haut. Cette opération est longue, délicate et exige des connaissances spéciales que ne possèdent qu'un petit nombre d'ouvriers d'élite ; ceux-ci montent les métiers de leurs camarades, qui généralement ne savent que faire fonctionner leur métier quand il a été préalablement mis en état de produire le dessin choisi par le fabricant.

La variété des étoffes façonnées n'a d'autres limites que celles du caprice de l'imagination de l'homme. Tous les jours on voit paraître des étoffes nouvelles par le style de leur ornementation, par le mélange de leurs couleurs, ou des matières textiles qui entrent dans leur contexture comme auxiliaires de la soie (1).

(1) On a été jusqu'à employer le duvet du cygne pour obtenir certains effets dans les façonnés.

Aujourd'hui, pour ne parler que des étoffes pour robes de femmes, on fait des façonnés qui se vendent depuis un franc cinquante centimes jusqu'à cent trente francs le mètre ; et dans quelques grands magasins de Paris on trouverait, pour combler l'immense intervalle qui sépare ces deux prix extrêmes, des tissus façonnés en soie, dont la valeur marchande s'élèverait progressivement d'abord de centimes en centimes, et ensuite de franc en franc.

On comprend, d'après cela, que je ne puis songer à indiquer même sommairement les noms bizarres et arbitraires donnés le plus souvent par les détaillants aux étoffes façonnées, et encore moins entrer dans quelques détails à leur sujet.

Je dirai cependant un mot des rubans et de la blonde.

La fabrication des rubans de soie, dite *grande rubanerie*, pour la distinguer de la rubanerie qui s'occupe de la production des rubans de fil, de coton et de laine, est une industrie de premier ordre.

Depuis 1780, la rubanerie française n'a pas cessé de jouir, en Europe, d'une supériorité incontestable. A l'époque que nous venons de citer, elle approvisionnait, pour ainsi dire, le monde entier. Les troubles et les guerres qui agitèrent la fin du dernier siècle arrêtèrent son élan et ses progrès; mais, alors comme depuis, l'orage passé, elle releva aussitôt la tête, et après chaque crise financière ou politique elle reparut alors toujours vivace et plus florissante qu'auparavant.

Aujourd'hui, les grands centres de fabrication sont en France Saint-Étienne et Saint-Chamond, dans le département de la Loire; Bâle en Suisse et Coventry en Angleterre.

Anciennement on ne teignait pas de rubans en pièce, mais on les tissait tous avec des fils préalablement colorés. En 1817, un fabricant de Saint-Chamond imagina de faire des rubans en deux ouvraisons, c'est-à-dire tissés en deux fois, et de teindre les rubans en pièce entre les deux opérations. Cette invention, qui ne fut au fond que l'application du métier à la Jacquart au tissage des rubans, eut un tel succès, qu'aujourd'hui presque tous les rubans façonnés se font par ce procédé.

On exécute des rubans de toute largeur, depuis celle de cinq millimètres jusqu'aux plus larges ceintures. La fabrication des rubans emploie des soies de toute qualité et de toute provenance, les plus fines et les plus belles comme les plus communes.

Le métier le plus usité pour la confection des rubans est le métier dit *à la barre ;* ce métier ne diffère des autres métiers qu'en ce qu'on lui a donné une disposition particulière qui le rend propre à tisser, par des moyens ordinaires, plusieurs rubans à la fois ; un seul en exécute souvent dix par une seule transmission de mouvement.

On pourrait à la rigueur diviser les rubans en deux classes, les unis et les façonnés ; mais une division aussi nette ne peut suffire aux fabricants, qui presque toujours emploient dans un même ruban toutes les combinaisons du tissage. On a donc, outre le ruban uni et unicolore, le ruban à effet d'armures, le ruban dit *à dispositions*, dont la chaîne est ourdie en fils de soie de diverses nuances ; les rubans ombrés : ceux qui tiennent à la fois du satin, du taffetas et de la gaze, rentrent dans cette catégorie ; les rubans chinés, les rubans brochésfaçonnés, qui se font sur le métier à la Jacquart avec autant de navettes qu'il y a de couleurs dans leur dessin. Il y a des rubans brochés d'or et d'argent, faux ou fins; ils s'expédient presque tous à l'étranger, ceux en fin en Orient, ceux en faux en Amérique et dans certaines contrées de l'Allemagne où les femmes en font grand usage.

Les rubans dits *anglais*, d'une légèreté excessive, dont la matière première est une soie de qualité tout à fait supérieure, sont remarquables par leur éclat métallique. Enfin, le ruban gaufré est celui sur lequel on imprime divers ornements, fleurs, oiseaux, arabesques, etc. Ces impressions eurent d'abord lieu à la plaque, c'est-à-dire avec des plaques gravées de cuivre ou d'acier; mais un rubanier de Paris inventa, vers 1800, un nouveau procédé, seul usité aujourd'hui pour le gaufrage des rubans. Ce procédé consiste dans la substitution d'un cylindre gravé aux planches dont on se servait auparavant.

L'appareil se compose de deux cylindres, l'un supérieur et l'autre inférieur. Le premier porte la gravure sur sa circonférence, et contient à l'intérieur des fers chauffés qui élèvent sa température au degré voulu. Le cylindre inférieur est entièrement revêtu de plusieurs couches élastiques d'un drap fortement tendu.

On fait passer le ruban légèrement humecté entre les deux cylindres, où il subit une pression assez considérable pour que la gravure du premier cylindre s'y imprime d'une manière ineffaçable.

La blonde est un tissu de soie composé d'un réseau à jour orné de dessins. Ce qui distingue la blonde de la dentelle de soie, avec laquelle il est très-facile de la confondre, c'est que dans la blonde on emploie deux espèces de soies : la trame nankin qui se file à Bourg-Argental dans l'Ardèche, et le poil d'Alais, qui vient d'Alais (Gard). La première sert à former le réseau, et la seconde les ornements.

La dentelle de soie au contraire se fait avec une seule espèce de soie qui fournit le réseau et le dessin. Il y a des blondes noires et blanches; elles se fabriquent soit à la main et au fuseau, soit au métier.

Le département du Calvados est le centre de la fabrication des blondes : près de cent mille ouvrières vivent de cette industrie dans ce seul département. Celui de la Manche vient en seconde ligne ; mais sa production est beaucoup plus restreinte, ainsi que la production de Chantilly, de Mirecourt et du Puy. Cette dernière ville a pour spécialité la fabrication des blondes communes.

La France exporte les quatre cinquièmes des blondes qu'elle produit, et qui sont également recherchées en Angleterre, en Russie, en Italie, dans les deux Amériques : les femmes de race espagnole qui habitent l'ancien et le nouveau continent, et qui ont conservé la mantille ou le voile national, préfèrent pour cet usage la blonde française à tout autre tissu, et quelques-unes paient une mantille de blonde de Caen jusqu'à cinq et six cents francs.

Caen produit également des robes de blonde et des *voiles de cour* qui se vendent en fabrique jusqu'à mille et quinze cents francs la pièce.

II

NOTICE HISTORIQUE SUR L'INDUSTRIE DES SOIES

L'industrie séricicole existait en Chine, d'après les annales historiques de cet empire, annales dont l'authenticité paraît démontrée, deux mille sept cents ans avant l'ère chrétienne, et, par conséquent, sept cents ans avant Abraham.

De la Chine, l'art de cultiver le mûrier, d'élever des vers à soie et de filer leurs cocons passa dans l'île *Taprobane* (Ceylan), d'où elle se répandit dans les diverses contrées de l'Inde.

C'est au Thibet, où la fabrication des étoffes de cachemire était déjà florissante du temps d'Alexandre le Grand, que l'industrie séricicole semble avoir atteint (la Chine exceptée) le plus haut point de splendeur, puisque les Grecs, considérant la ville de *Sérica,* aujourd'hui Serinda, dans le petit Thibet, comme le centre manufacturier des tissus de soie, donnèrent à la soie le nom de cette ville.

De l'Inde, l'industrie séricicole parvint en Perse, où elle resta longtemps stationnaire. A Rome, sous les empereurs, les tissus de soie avaient une valeur telle qu'ils se vendaient au poids de l'or.

En 527, deux moines grecs qui avaient pénétré très-avant dans l'est de l'Asie, rapportèrent à Constantinople des œufs de vers à soie. L'empereur Justinien accueillit comme il le méritait un si précieux cadeau, et, grâce à ses encouragements, la culture du mûrier et l'éducation des vers prit un si rapide développement, que cinquante années plus tard Athènes, Thèbes et Corinthe possédaient déjà des fabriques d'étoffes de soie.

Le fameux Roger, roi de Sicile, qui fit vers 1130 la conquête de la Grèce, comprit toute l'importance de l'industrie séricicole qui y florissait, et l'introduisit dans son royaume. De la Sicile, elle se répandit en Italie. Charles VIII, lors de son expédition, fit pour la France ce que Roger avait fait pour la Sicile, et c'est de l'année qui suivit le retour de Charles VIII en France, que datent chez nous les premiers essais de la culture du mûrier; ils eurent lieu dans le Dauphiné. Mais les progrès de cette industrie, contrariés par les troubles et les guerres de cette époque, furent très-lents.

Sous Louis XI, en effet, les manufactures françaises n'employaient que des soies d'Italie et d'Espagne, celles du pays étant ou trop rares ou trop défectueuses pour entrer en ligne de compte. C'est à Olivier de Serres, seigneur du Pradel, que revient la gloire d'avoir véritablement introduit et acclimaté en France l'art de cultiver le mûrier et d'élever les vers à soie. Ses efforts, appréciés et soutenus par Henri IV, eurent un plein succès (1).

(1) C'est en 1599 qu'Olivier de Serres publia son premier ouvrage sur les vers à soie, forte brochure in-4°, intitulée : *De la cueillette de la soie par la nourriture des vers qui la font*. Ce mémoire fut adressé à Henri IV avec une épître dédicatoire, dont on ne retrouve aucune trace, quoique son existence ressorte évidemment de la réponse flatteuse qu'il reçut de la main même du roi, et par laquelle le roi lui ordonnait de s'occuper sur-le-champ de la naturalisation du mûrier blanc en France, lui promettant de lui en faciliter les moyens autant qu'il le pourrait. Dès ce moment, Henri IV

Son premier soin fut de faire venir d'Italie et d'Espagne des œufs de vers à soie et des plants de mûriers de choix ; il forma ensuite de vastes pépinières de mûriers, une entre autres à Paris, dans le jardin même des Tuileries (1).

Non-seulement Olivier de Serres présidait lui-même à la distribution des mûriers, mais il veillait à leur plantation. Sa vie fut à cette époque un voyage continuel d'un bout de la France à l'autre, prodiguant partout les encouragements et les conseils. En 1605, sur la demande d'Olivier, des jardiniers formés par lui furent envoyés avec un caractère officiel à Paris,

se montra zélé protecteur de l'éducation des vers à soie, et entretint avec Olivier une correspondance également flatteuse pour le monarque et pour le sujet. Sully ne partageait pas les idées de son maître; son austère sagesse ne voyait dans la vulgarisation des étoffes de soie qu'un nouvel aliment offert au luxe et à la dépense. Ce ministre se trompait, en ce sens que les étoffes de soie, au lieu d'être abandonnées à cause de leur cherté, n'en étaient que plus vivement recherchées, et rendaient de plus en plus onéreux le tribut que l'étranger prélevait sur la coquetterie française. Du reste, rien ne permet de supposer que Sully ait suscité le moindre embarras à Olivier; le ministre n'approuvait pas, mais son opposition se bornait là.

(1) Dans cette partie du jardin où se trouvent aujourd'hui l'Orangerie et la terrasse des Feuillants.

à Tours, à Orléans, à Caen, à Lyon, pour examiner les plantations et donner des conseils aux planteurs : à leur retour, ces missionnaires déclarèrent à l'unanimité que les vers à soie et les mûriers prospéraient partout en France. Jamais apôtre d'une idée nouvelle n'éprouva plus vivement cette soif de prosélytisme que ne l'éprouva Olivier de Serres. Sa patience, sa ténacité étaient à toute épreuve. Lettres, mémoires, calculs, intimidation même, il ne négligea aucun moyen pour arriver à son but. Jamais il ne recula devant un déplacement aussi long, aussi pénible qu'il fût, à une époque où les routes et les moyens de transport n'étaient rien moins que faciles et commodes en France.

Depuis Henri IV, l'industrie séricicole, encouragée par Louis XIV, Louis XVI, Napoléon, n'a cessé de gagner du terrain : vers 1838, un véritable engouement pour la culture du mûrier s'empara d'une foule de propriétaires, qui se mirent, à qui mieux mieux, à planter des mûriers et à construire des magnaneries. Ce mouvement eut une heureuse influence sur les procédés de culture et d'éducation, qui se perfectionnèrent et se mirent à la hauteur de la science moderne. Vers cette époque, il se forma une école nouvelle, l'école du Nord de la France, qui essaya de substituer à une routine aveugle un système complet d'éducation : parmi les hommes qui se placèrent à la tête de ce mouvement régénérateur, il faut citer MM. Camille Beauvais et Darcet. Les éducateurs du Midi, magnaniers émérites, se moquèrent d'abord des nouveaux venus dans l'industrie qui prétendaient leur donner des leçons. Il faut avouer qu'ils eurent quelquefois beau jeu avec ceux-ci, parce que plus d'un adepte de la nouvelle école, plus théoricien que praticien, abusa souvent de principes excellents en eux-mêmes, et paya ses excès dans une voie nouvelle par des revers éclatants. Mais, s'il y eut des découragements, des déceptions parmi les éducateurs nouveaux, leurs succès s'affermirent peu à peu, se généralisèrent, et bientôt ils obtinrent des résultats si incontestablement beaux, ils produisirent des soies si irréprochables, que le Midi s'en émut, s'effraya, et reconnut que s'il voulait lutter pour l'abondance relative des récoltes avec les départements nouvellement entrés dans l'industrie séricicole, il fallait adopter des méthodes dont la rationalité et les avantages ne pouvaient supporter aucune contradiction sérieuse. Du reste, l'augmentation de la production des cocons prouve jusqu'à la dernière évidence la supériorité des nouvelles méthodes d'éducation sur les anciennes, puisque cette augmentation n'est pas en rapport avec l'accroissement du nombre des mûriers plantés en France, et qu'il est constant qu'aujourd'hui, avec une quantité donnée de feuilles de mûrier, on obtient plus de cocons qu'il y a trente ans.

La France, en 1810, ne possédait que neuf millions de mûriers. Leur nombre, en 1834, s'élevait déjà à quinze millions; aujourd'hui il passe vingt-deux millions. Vers 1830, vingt-deux départements seulement s'occupaient de la production des soies; on en compte soixante-quatre aujourd'hui, dont quarante au moins tirent de la culture du mûrier un revenu notable. Le département de la Drôme seul produit en moyenne pour dix-huit millions de francs de cocons par an.

On peut évaluer aujourd'hui de cent quarante à cent cinquante millions le produit de nos magnaneries et de nos filatures; et cependant les besoins de nos fabriques de tissus de soie vont bien au delà, puisque tous les ans les importations de soies étrangères dépassent soixante millions de francs.

FIN

TABLE

LA SOIE.

FIN DE LA TABLE.

Tours. — Imp. Mame.

BIBLIOTHÈQUE DES ÉCOLES CHRÉTIENNES

2e SÉRIE

Danemark et Norwège (histoire de).
Drames Moraux, pour les jeunes gens.
Drames Moraux, pour les jeunes personnes.
Émile Delaix, ou le Modèle des Ouvriers.
Hermance, ou l'Éducation chrétienne.
Histoires instructives, par M. de Chavannes.
Hugues Capet et son époque.
Mœurs des Israélites et des Chrétiens, par Fleury.
Naufrage et Aventures du Capitaine Wilson.
Père des Pauvres (le).
Pie IX, nouvelle biographie.
Portugal (histoire de).
Quatre Nouvelles, par l'abbé Jouhanneaud.
Récréations Technologiques.
Russie (histoire de).
Saint Alphonse de Liguori, par D. S.
Saint Paul, apôtre des Gentils, par D. S.
Sainte Adélaïde (histoire de).
Sainte Geneviève, patronne de Paris.
Sainte Monique, (vie de), par D. S.
Sixte-Quint (histoire du pape).
Souvenirs du Sacré-Cœur de Paris.
Théodule, ou l'Ami des Malheureux.
Vengeance Chrétienne (la).
Vie et Aventures du Comte Beniowski.
Vie (la) et les Vertus de la sœur Ste-Victoire.
Voyages dans l'Océan Pacifique.
Voyages en Sibérie, recueillis par Kubalski.
Voyages entre la Baltique et la mer Noire.
Voyages et Découvertes en Océanie.

APPROUVÉE
PAR
Mgr l'Archevêque de Tours

www.ingramcontent.com/pod-product-compliance
Ingram Content Group UK Ltd.
Pitfield, Milton Keynes, MK11 3LW, UK
UKHW012032240726
13965UKWH00002B/740

9 782013 607438